イリオモテヤマネコ

〝生きた化石動物〟の謎

目次

第2章 確認のための調査行

第3章 ヤママヤがやってくる

第４章　飼育日記

本文中の写真は断りがない限り、『イリオモテヤマネコ　原始の西表島で発見された〝生きた化石動物〟の謎』（１９７２年9月1日発行、自由国民社刊）、著者の戸川幸夫氏がまとめたアルバムより収録しました。

はじめに

沖縄の八重山群島に属する西表島で、私が新属新種といわれる山猫（イリオモテヤマネコ）を発見したのは、いまから七年前の昭和四十年の二月だった。

当時、このことは新聞などで大きくとり扱われたので、いろんな人から、いろんな便りをいただいたが、かなりの人から次のような質問も受けた。

「西表などという島に行かれたのは、山猫が居ることを知ってたからですか？」

「西表島をたずねたら山猫がいたんで見つけたという偶然の発見なんですか？」

第一の質問に対しては、

「山猫がいるということがわかっていたのなら、それはもう誰かがすでに発見していたということになるでしょう」

と私は答えた。第二の質問に対しては、

「発明とか発見とかいうものには、ヒントになるような偶然のきっかけはあるものですが、ある日ぶらりと出かけて行ったら幸運にも発見した、ということではないんですよ。コロンブスの米大陸発見だって、決して幸運だけの偶然的なものではないんですから」

すると質問者は、解ったような、解らないような顔で、

「なるほどそうでしょうな」

とうなずいたが、十分に納得できなかっただろうと私は思っている。

しかし私はこれらの質問がまったくの的はずれだとは考えていない。というのは、私は西表島に渡る直前に山猫がいるそうですよ、という話を耳にしたし、八重山群島に行くについては二つの偶然的なつみ重ねがあったからである。その二つのきっかけとは、一つは私が昭和十六年の夏に石垣島に行ったことがあって、八重山群島に大へんな魅力を感じていたからで、もう一つのきっかけは、今は亡き畏友の宮良高夫君から、八重山行きをすすめられたことである。

宮良君がすすめなければ、私は西表島を訪れなかったであろうし、そうなればイリオモテヤマネコの発見はなかったろう。いや、誰かが、いずれは発見したであろうが、少なく

ともそれはこの年ではなく、かなり遅れてからであったろうと思う。

また仮に宮良君がすすめたとしても、私が前に八重山群島を訪れ、その魅力のとりこになっていなかったら、行こうという気が起こったかどうかわからないし、また宮良君だってあれほど熱心にすすめなかったに違いない。この発見に偶然性があるとすれば、それだと言える。

昭和三十六年から四十一年にかけて、私は「野性の旅」というシリーズの出版を継続していた。その五巻目の目標をどこにしようかと考えた末に、薩南諸島の吐噶喇（トカラ）列島に眼をつけた。しかし、その列島全部を取材することは時間的に不可能なので、どの島がいいだろうか、と親しくしていた宮良君にたずねたのである。宮良君は、八重山群島石垣島の出身で、ながいこと毎日新聞の記者をしていた。このときは東京本社の学芸部副部長だったが、その前に鹿児島支局長などもやっていて、この方面の事情にはくわしかったからである。

私と宮良君の交友の始まりは、さらにそれから二十四年前に遡る。当時私は二十九歳で、毎日新聞東京本社の社会部の記者で、宮良君は同じく毎日記者だったが大阪の社会部にいたので、お互いに顔を知らなかった。

昭和十六年の夏、石垣島方面で皆既日食が見られるというので、日本だけではなく、世界各国から天文学者たちがやってきた。宮良君はその石垣島の出身者で、島には親戚知人も多いから、何かにつけて便利であろうというので、特派員候補の第一号にあげられていた。ところが、石垣島での観測には三鷹の東京天文台から関口鯉吉台長以下が出張することになった。私は文部省の記者会に属し、大学や研究所などを担当していて、天文台は私の受け持ちであった。そこで私は、担当者として自分が行きたいと希望した。台長以下とは顔見知りであったし、日食観測が終わってからの成果の発表なども東京で行われるのだから、自分が行くのが順当であろうと主張した。東京と大阪の本社で折衝が行われた。沖縄は大阪本社の担当地域内に入っているからであった。結局、天文台担当記者ということで、取材優先の立て前から、私が宮良君を押しのけて出張した形となった。

そのころは今と違って、石垣島へ渡るには、速力の遅い船で行くしかなかったから、宮良君はめったに帰郷ができなかった。大阪の社会部長としては、いい機会だから出張を兼ねて帰郷させてやろうという温情から彼を推したのだろうが、知らなかったとはいえ、私は彼の帰郷のチャンスを奪ってしまったわけであった。当たり前だったら、彼は私に対して不愉快な感情を抱くところだが、彼は心の広く大きな人間であった。

昭和十六年といえば太平洋戦争に突入した年で、私は海軍報道班員として、十七年の二月に南方戦線へと従軍した。そしてジャワ島のスラバヤ市に入ったとき、陸軍報道班員としてそこへ来ていた宮良君と初めて会った。会うなり彼は私の手をぎゅっと握って、

「よかったよ。あのとき君が特派されて本当によかったと思う。僕だったら珊瑚礁の石垣やバナナの実り、琉装の女を見たとしても、これが当たり前だと思うから感激がない。だから君のように何を見ても珍しさを感じないから、キメ細かい報道はしなかったと思う。しかし、読者は君と同じく、石垣島とはどんなところだろうと興味を持っているんだから、君のように書かなければ嘘だ。僕が行かんでよかったと思うよ」

と心から喜んでくれた。それ以来、私は彼と親しくつき合うようになったのである。

私は、彼に吐噶喇(トカラ)列島ではどこがよかろう、と相談すると、彼は首をひねって言った。

「どうせそこまで出かけて行くのなら、もうちょっと足をのばして八重山にしろよ。君にとっては忘れられない島だろう。それなのに日本からは忘れられた存在なんだからな」

その一言は私の心を衝いた。〝忘れられた島〟――たしかにそうだった。日本に復帰して再び沖縄県に立ちもどった今日から考えると、七年前の沖縄はひどく事情が違っていた。沖縄の本土復帰の運動をしたというだけで沖縄を追われて日本に亡命してきた友人がいた。日の丸を掲げたというだけで処罰された者もいた。沖縄の内情をあからさまに報道したために、再度の入国を拒否された沖縄出身の記者もいた。当時、沖縄への入国許可をもらうことはアメリカ本土への入国許可を貰うよりも困難とされていた。入国者の身分、思想、行動に関して厳重なる調査がなされアメリカ側が見て絶対に無害なる者との判断がつかなければ、不許可、もしくは保留という婉曲な拒否にあった。

私は、以前から亡びゆくもの、消えゆかんとしているもの、忘れられているもの、陽にあたらないものには、強い愛惜の情を禁じ得ない。私が直木文学賞をとったときの作品『高安犬物語』は、滅亡しつつある山形県高畠地方の高安犬を主題としたものだった。ニホンオオカミをテーマとした作品『孤独の吠え声』も、すでに絶滅した種に対する愛惜から書いたものであった。その点でも宮良高夫君のこの言葉は、私に八重山行きを決意させるのに十分だった。

私は早速、準備にとりかかった。私の目標は石垣島であった。石垣島は――たった一カ月半という短い滞在ではあったにしろ――私が、住み、親しんだ土地であった。そして、そこには幾人かの友人や知人がいた。二十四年の間に、あるいは亡くなり、あるいは島から出て行って、そのほとんどは会えないだろうが、それでも何人かの人が健在で、残っているに違いないと思った。たとえ、知人に会えずとも石垣島は健在であろうし、石垣町も――いや、今日では石垣市と発展をとげているというが――健在であろうと思った。

だが、二十四年といえば二昔半である。過ぎてしまえば短いようだが、やはり長い歳月なのだ。この歳月の波には何ものも押し流されざるを得ない。人間も、またその人々を抱いている石垣島も、二十四年前と同じであるはずはなかった。どんなふうに変わってしまったただろうかなあ……昔の美しかった島の情緒や人情はどんなふうに異なってしまっただろう。そう考えると一刻も早く行ってみたくなった。

たまたまチャンスが生じた。琉球新報社が新社屋を完成し、そのホール開きに文化講演会を催すことになって、徳川夢声さんと私とを講師として招いたからである。これで渡航は問題なくなった。講演日は三月七日と決定したので、私は一カ月前の二月八日に羽田空

第１回新報文化講演会で講演する戸川幸夫氏。「死をみつめた人たち」の演題で戦争体験や創作活動の師・長谷川伸について語った＝1965年３月６日、那覇市泉崎の琉球新報ホール

港から飛び立った。

「八重山がどんなに変わっているかを、君の眼で確かめて来いよ」

宮良君は羽田空港で、私の肩を叩いて、そう言った。

第1章

山猫（ヤママヤ）はほんものだった

——野性の旅を求めて日本の最南端である八重山群島・西表島に渡り、そこで新種の山猫を発見すること——

ある日突然、山猫の話を聞き込む

那覇の空港に降り立ってみると、二月だというのに太陽は、かっとまぶしく照りつけてきていた。さすが南の国だなあ、と、私は思った。空港には、私がかつてサン新聞社の取材部長だった当時に、私の下でデスク（副部長）をやっていた徳田安周君が迎えに来てくれていた。徳田君は、今は那覇の放送局の部長をやっているということだった。

徳田君の後に、私にははじめてだが、色の白い愛嬌のある青年がにこにこと笑いながら立っていた。親泊一郎君といって、前社長の御曹司だということで、今は琉球新報社の事業部長をやっていた。

私は八重山群島に入るに当たっていろいろな材料や食糧を購入する必要があったので、那覇に二日ほど滞在することにした。徳田君がきめておいてくれたホテルに旅装を解くと、とりあえず琉球新報社に挨拶に行った。私の係は親泊君がしてくれることになっていて、なにやかやと面倒をみてくれた。その親泊君が、ある時突然、こんなことを私に言った。

「西表島には山猫がいるそうですよ」

正直に言って、その話を聞かされたとき私は、またか、と苦笑をした。ヤマイヌが出たとか、ヤマネコがいる、といった話はこれまで何十ぺんと聞かされていたし、そしてまた、私自身そのうわさを頼りに何度か調査に出かけたこともあったが、一度もほんものであったためしがなかったからである。

私はもともと、ヤマイヌとかヤマネコといった話には、神経質すぎるほど敏感であった。明治三十八年に絶滅したといわれているヤマイヌ（ニホンオオカミ）に強いあこがれを持っていて、山村をかけめぐったのも、私が旧制の山形高校在学中の頃であった。

当時、私は、動物学者になるつもりだったので、理科を学んでいたのだが、狭いといっても日本は山国だし、どこかの山の奥には一頭くらいのヤマイヌは生き残っていても不思議ではないんではなかろうか、などと、当時は考えていたものだった。

もし、ニホンオオカミが残存していることを発見したら、明治三十八年をもって絶滅したということになっているニホンオオカミの学説を、くつがえすことができるといった、青年らしい野望にもえていたことは否定しないが、しかし、そんなことよりも私は、一目でいいからニホンオオカミの姿を、この目で見てみたいという願いのほうが強かったのである。

私は、うわさを聞きつけると、学校をサボって自転車で、その山村にとんで行ったものだった。事実、私が山形高校にいた頃は、山形県下には非常に野犬が多く、あちらこちらの村で大暴れをしていて、ときには人にかみついたりした。

新聞は、それらの野犬を全部、ヤマイヌと書きたてていた。ヤマイヌという言葉の中にはこういった野犬も含まれてはいるが、ほんとうの意味のヤマイヌとは、ニホンオオカミのことである。野生化した犬と、ほんとうのニホンオオカミとはいつも混同されているわけなのだが、このことは、私の小説『高安犬物語（こうやすいぬものがたり）』に書いた。いろんな事情から、私は動物学者とならずに、動物作家になってしまったが、今日でもヤマイヌや、ヤマネコに対する情熱は少しも失っていないのである。

以前、三宅島にヤマネコがいると聞いて調査に行こうとしたことがあったが、よく調べてみると、飼猫が野生化したものだということがわかったので、やめてしまった。日本では、九州の対馬に、ツシマヤマネコという正真正銘のヤマネコが生息していることは、早くから知られていた、それ以外のヤマネコは、みんな三宅島式の飼猫の野生化したものであった。

小さな昆虫類だとか、水棲動物のように、人の目に触れがたいものならいざ知らず、猫のような大型のほ乳類が二十世紀の今日まで、しかも日本のようによく開けた国土の中で、だれからも発見されずにいるはずがないと考えるのが常識だった。だから、私が、西表島のヤマネコの話を聞いても、あまり乗り気にならなかったとしても理解していただけると思う。

沖縄の方言では、飼猫のことをマヤ、もしくは、マヤグヮーと言う。グヮーというのは、小さくて可愛いものに付ける愛称であった。そうして、野良猫のことをピンギマヤと言う。ピンギは、逃げたとか逃亡という意味で、家から逃げだした猫だということである。さらに、山に住んでいる猫を、山猫(ヤママヤ)という。つまり、ピンギマヤと、ヤママヤの区別ははっきりしていないわけである。

この西表島という所は、つい最近までマラリアが非常に猖獗(しょうけつ)をきわめていた。マラリアのために滅亡した部落が多いこの島では、当然、飼主からはぐれて野生化した猫がいるはずだから、それに違いないと私は思ったのである。しかし、私は念のために西表島に渡る前に、このことをだれかに確かめてみたいと考えていた。

首里の琉球大学に、動物学の高良鉄夫教授がいた。高良教授とは、まだ一度もお会いしたことはなかったが、私は宮良君を通じて高良博士と文通をしていた。というのは、高良博士は、奄美から沖縄にかけてたくさんいる毒蛇のハブを研究され、『ハブ』という著書もあって、私はハブについていろいろなことを教えを乞うたからであった。

私は多忙な時間をさいて、高良教授を琉球大学にたずねてみた。これは結果からみて、非常に賢明なことであったと思う。私は、沖縄、特に八重山地方に住むいろいろな動物について、高良教授から教えをいただいたあとで、話のついでに、

「琉球新報の記者から、西表島にはヤマネコがいるという話を聞きましたが、つまりなんでしょうねえ。飼猫の野生化したものでしょうな」

という質問をしてみた。すると、高良博士はちょっと首をひねって

「まだ、毛皮も骨格も、私の手もとに集まっていないので、はっきりしたことは言えないんですが、必ずしも野生化した飼猫だときめつけるわけにはいかないようですよ。というのはね、ヤマネコをとったという人の話をいろいろ聞き合わせてみると、毛の色が大体一致しているんでねえ」

西表中央ハテルマムル付近

と、学者らしい慎重さで答えた。
そして、私に、あなたがこれから西表島に渡るのなら、できるだけデータを集めてみてくれませんか、と言った。私はデータはもとより、なんとか、標本を集めてみましょうと約束して別れたのであった。

野性の旅を求めて西表島へ

二日あと、私は那覇から八重山群島の石垣島へ飛行機でとんだ。石垣島空港には、小渡地方庁長や大ぜいの島の名士たちが私を出迎えてくれた。その中から、私は、二十四年前の友人、当時の毎日新聞の通信員であった大浜用立(おおはまようりゅう)さんの老いた、しかし、元気な顔をみつけることができた。彼は、今は石垣製糖の重役だということだった。私たちはしっかりと手を握り合って「おたがいに長生きしているということは、楽しいものですねえ」と祝福し合った。

私は、大浜さんの自動車に乗せてもらって、旅館に向かった。その途中で私は、

「崎山用能（さきやまようのう）さんはお元気ですか」

と尋ねた。すると、用立さんは、

「ああ、あの人もねえ、戦争中亡くなりましたよ」

と憮然とした。

沖縄本島に米軍が上陸した時に、いずれは八重山にもやってくるに違いない、空襲も激化されるであろうということで、八重山当局は、離島に分散疎開させた。崎山さんはそのために西表島に疎開したのだったが、ここで悪性のマラリアにやられて、とうとう世を去ったということであった。

「そうでしたか、会いたかったなあ。ほんとうにいい人だったのに……」

石垣島観音崎灯台付近より見る西表島

と私は嘆息した。私は、石垣島に行ったらまず、だれをおいても崎山用能さんに会いたかったのだ。それは二十四年の昔のことだったが、新聞社の特派員で、この島を訪れた私に鷲の鳥節（バシのトリ）という八重山の民謡と踊りを教えてくれたのが、崎山用能さんであった。

崎山用能さんは、八重山民謡の名手であって、月の夜キラキラと光る八重山の海を前にして、民謡のトバラマーをよくうたってくれた。私は、このトバラマーといううたが大好きだった。悲しみに満ちあふれたトレモロは、月明の海をゆったりとしたうねりと共に漂って、そして大海原にすっと吸いこまれていくような、そんな感じがするのだった。そのうたの一節を紹介してみよう。

〽月(ちき)見(み)りば昔の月(ちき)やしが、変ていくすや、やしんざの心(くくる)
（月は昔のままの姿をとどめているけれども、人の心というものは、年月が経つと変わっていくものですねえ）

といった意味なのである。また、

〽うらとばぬとの　通うだるいば道ちえま　なまになり草(ふさ)まばむ　いかばし
（あなたと私が通ったいばらの小みちは、今はもう雑草ですっかり覆われてしまいましたよ）

このうたのとおりであった。二十四年という月日は、過ぎてしまえば短いようだが、やはり、そこに距離が感じられた。私がこの島で知っていた幾人かの知人や友人は、あるいは亡くなり、あるいは島から出て行って、そのほとんどは会えなくなっていた。そして、石垣島は健在であったが、石垣町は、今では石垣市となり、近代的なビルが建ち、自動車も多くなっていた。

最初、私は、石垣島について取材するつもりであったが、もうこの島では野性の旅シリーズを満足させるような材料はない、と見てとった。私は、そこで西表島に眼を向けた。

琉球政府では、私の今度の旅行のために案内役として、経済局林務課の黒島寛松さんを私に付けてくれることになっていた。黒島さんは三日あとの那覇丸で、石垣島にやってくるので、私はそれまでの間を、石垣の糸満漁民の取材にとりかかった。

快晴の日が続いた。八重山群島では、一月から三月にかけて最も雨が少なく、気温も涼しいので、旅行には最適だということだったが、ここはさすがに那覇よりはずっと光線が強く、かっと照りつけてくると、サングラスをかけないとたちまち、ひとみを痛めてしまいそうであった。

黒島さんは、西表島の干立部落の人で、ここの地理にくわしかった。また職務柄、島の植物には精通していた。しかも、島はほとんどが国有林で、営林署の協力がなければ絶対に踏みこめない所だったから、黒島さんは、私にとってまたとない案内者と言えた。

那覇丸で到着すると、黒島寛松さんは宿にいた私をたずね、きょうの午後三時に、東海岸行きの便船が出るそうですから、それに乗りましょうと言った。黒島さんは、私より少し年上かもしれないが、山男らしく色浅黒く精悍な感じであった。

カンムリワシの出迎えを受ける

西表島へ渡る便船というのは、木造船の古ぼけた小さな船だった。甲板には、西表島に運んでいく自転車だとか、米や味噌、醤油、酒、木材、セメント、それにブタやニワトリなどが所せましと積み込まれていた。船室をのぞくと、天井の低いうす暗い部屋に、これまた甲板同様に船客がぎっしりと詰まっていて、船に弱いらしい人たちはもう横になっていて、テコでも動きそうになかった。私たちはリュックだけを投げ入れておいて、船室の屋根に上ることにした。少し肌寒いことさえ我慢すれば、このほうが見晴らしがよくて、どれほど快適だかしれない。

ところで、予定の三時になったのだが、船はいっこうに出航する気配を見せなかった。

「潮待ちしているんでしょうなあ」

と、黒島さんが私に言った。この辺の海は、すべてがサンゴ礁で海が浅いから、満潮にならないと船が動けないのだ。石垣島の港は良く作られているので、いつでも出られるけれども、西表島の港は、港らしい所は一つしかないので、向こう側が引き潮になっていれば、船は近づけないというわけだ。それに船が小さいから風が吹いたり、波がたつともう出ない。石垣島までは飛行機の乗りつぎでらくらくやって来た私も、ここではじめて船に乗るということが、島の人たちにとってはたいへんなことなのだ、ということを感じた。

三時が十分過ぎ、二十分たち、一時間近くなったが、船がまだまだ動き出す気配もない。さすがにたまりかねたらしい客の一人が、

「どうしたね、船頭さあん」

と尋ねた。船頭は、ゆったりした口調で答えた。

「あのなあ、お客さあん、わしゃ出してもええが、買物に町まで行ったおかみさんが戻ってこないもんねー」

「そんなら、おかみさんにはあしたの船にしてもらえやあ。おらあ、急ぐだよ」

「ところがそうはいかねえんだ。船に赤ん坊を寝かせて行っちまったからねー」

こんなやりとり――しかも半分は方言まじりのやりとり――を聞いていると、なるほど、ついこちらものんびりした気分になってきた。郷に入れば郷に従え、という諺があるが、そのとおりで、もうここへきてしまった以上は覚悟をきめて、あせらないことにした。

一時間が少し過ぎた頃、おかみさんがフーフー言いながら、大きな蛸(たこ)干しを十枚ほど抱えて走って来た。ところが、東京あたりだったらすぐにかみつく者が出てくるところだが、文句を言う人は一人もいなかった。やはり、土地柄である。

「やー、ごちそう仕入れたな。おやじ、喜ぶべーなあ」

と一人が言った。おかみさんはその人に白い歯を見せてニヤッと笑った。

船が出帆してしばらくして、途中で雨がきた。雨では仕方がない。私たちは屋根から転げ落ちるようにして船室にもぐり込んだ。ムーンと鼻をつく人いきれに混じって妙なにおいがする。原因を探ってみると、例の蛸干しであった。八重山の海にはタコが多い。したがって、スルメならぬ蛸干しがここの名産なのだ。

人のいいおかみさんは、私の目がじいっと蛸干しに注がれているのを見て、ああこのお客、欲しがっているのかなあと思ったのだろう。やにわに、タコの足三本を引きちぎって私の前にさし出した。遠慮したが、聞くもんじゃない。蛸干しはかたかった。目をしろくろさせてやっと飲み込むとまた引きちぎってくれる。

船は、お産でかけつける産婆さんのために新城(あらぐすく)島に立ち寄ったので、西表島到着はかなり遅れた。雨があがったので、私と黒島さんは、おかみさんの強制的なふるまいから逃れて、再び屋根にかけあがった。島影が、うす墨の絵のようにひろがっていた。

そのとき、一羽の大きな鳥が島の上空を悠然と舞っていた。翼の形や、その飛び方から、私は、ワシだと判断した。そこで、黒島さんに尋ねると、黒島さんも目を細めて眺めていたが

「間違いありませんね。ワシですよ。カンムリワシです。八重山、特に西表島に多いんですよ。台湾のほうから飛んでくるらしいですね。そういえば、八重山に鷲の鳥節という民謡がありますが、そのワシが、これですよ」

カンムリワシは、私たちの頭上に近づき、しばらく船に並行するように飛んでいたが、やがて島の断崖へと消えていった。ワシのお出迎えとはさい先がいいぞ、と私は黒島さんと話し合った。

すがすがしい島の朝と人々

二十四年前に、私が、石垣島の特派員として台湾の基隆（キールン）からやってきたときは、この島の西海岸にある白浜（シラハマ）港で一泊した。しかし、東海岸へ行くのは今度がはじめてであった。船はこの島で一ばんの大都会である大原（オオハラ）の部落に着いた。形ばかりのコンクリートの船着場があって、そこに営林署のジープが迎えに来ていた。また雨が降りだした。西表島は、雨の多い所だという。ひとまず宿へ、ということで、ジープに乗った。だらだら坂を上って下ると、家がちらほらと建っていた。ははあ、ここが部落の入口かなあ、と思っていると、ジープはすぐに一軒の民家の前で止まった。ここが大原部落の中心街で、この宿が宿屋だという。

宿屋といっても、民家と変わりがなかった。食事を運んできたおかみさんに尋ねると、

「うちは宿屋ではないんですよ。でも、島に来た人が泊る所がなくて困っていて、うちを頼って来るもんで、泊めてあげているうちに、いつのまにか宿屋にしてしまったんですよ」

という返事だった。食事を終えた頃、親戚の家に泊ることになった黒島さんと、営林署

の人たちが泡盛を持って遊びに来た。那覇や石垣を回ってこられると、ここは寂しいでしょう。なにしろ、西部劇に出てくる開拓地のような所ですからねえ、と黒島さんが言った。

「映画もパチンコ屋も、テレビもない所ですが、それでもバーが一軒ありましてねえ。今夜はちょいと遅いからだめじゃが、明日の晩でよろしかったら」

と、営林署の人が言った。

「ほー、バーなんかがあるんですか。よく、ホステスがいますねえ」

と言うと、

「女は一人ですよ、それも五十いくつのね。だから、バーというよりババーですがねえ」

と言って、営林署の人たちは笑った。電燈は火力発電で、十時には消えることになっていた。その帰りぎわに、営林署の人たちは、ここに来たお客さんは、最初の晩はたいてい眠れませんですよ、と、なぞのような言葉を残していった。無気味だった。まさか、おばけが出るわけではなかろうがと、私は部屋の中を見回した。

宿の部屋は、屋根と壁との間に十五センチほどのすきまがあって、風通しがばかにいい。天井にはヤモリが三匹ぴたっとくっついていて、キキキキキッとかん高い声で鳴いている。おかみさんが入ってきて、床をとりますと言う。お風呂はありませんかと聞くと、このところ、お客さんがないんでね、風呂たてないのよ、明日はたててあげますから、きょうは我慢してね、とのこと。二月だけれども、蚊帳をつってくれた。

夜中にふっと胸の上が重い感じがした。起きようとすると、パタパタと足音がして飛び下りるやつがいる。おお急ぎで枕もとの懐中電燈で照らすと、大きなネズミだった。ふすまをぴったりしめても、上のほうは合っても、下のほうは猫が入れるくらい開いている。だからネズミの出入りは自由自在である。一晩中、数匹のネズミが枕もとやリュックのまわりをうろついて、眠れない。ははあ、なるほど、眠れないというのはこのことか、と思い当たった。ネズミを追い払うので、懐中電燈で照らしたり、竹のむちを探しだしてきて畳を叩いたりして、ほんとうに眠れなかった。朝方になってようやく、うとうとっとしている間に石けんを盗まれてしまった。朝がきて、おかみさんに、

「いやー、ひどいネズミでしたよ。とうとう、石けんを盗まれましてねえ」

と言うと、おかみさんは少しも驚かず、泰然自若とした態度で、

「昔はねえ、この島にはネズミはいなかったそうですよ。でもねえ、砂糖きびを作るよう

戸川さんが泊まったという宿

になってから、利口なもんだねえ。それをどうして知ったのか、新城島から群を成して泳いで来てね、それからふえたと言いますよ。まあ、五、六匹出てきたのはいいほうねえ。せんだってね、この部屋で、わなを掛けたら、一晩に十六匹もかかってねえ。今晩から石けんは冷蔵庫にしまってあげますよ」

寝不足ではあったが、島の朝はすがすがしかった。ごみごみとした東京で飲み疲れたのとは違うから、心身共に極めて爽快である。顔を洗って庭に出て、腕を振り回して体操をしながら、低いサンゴの垣根越しに大通りを眺めていたら、何人も小学生が通った。中学生も自転車でやってくる。その子供たちがみんな私に向

かって、帽子をぬいで、

「おはようございます」

と、丁寧にあいさつしていく。妙な気持ちだった。大正の頃までは、私の故郷の佐賀のいなかあたりに行くと、ネクタイを締めてる人を見ると、みんなこんなふうにあいさつしたものだった。ネクタイするのは、偉い人だと思いこんでいたからだが、ここのは、それとも違うらしい。寝巻を着ていても、他国の者と一目でわかるのかもしれない。

通りに出てみた。この部落は百四十世帯というが、ちょっと見たところでは、五、六十軒ほどの人家が、点々と立ち並んでいるのにすぎない。裏通りへ散歩に出てみた。すると、子供ばかりでなく、行きちがう大人たちまでも、おはよう、おはようさんと声をかける。細い路地で出会うと、向こうから隅のほうへ寄って道をあけてくれる。殺伐な東京のような大都会に住んでいると、もう遠い過去のもののように忘れ去ってしまっている譲り合いだとか、礼儀だといった、人間にとって最も大切な温かみが、ここではふんだんに見られた。旅の良さというのはこんなところにあると、私は嬉しい拾い物をしたように感じた。

西表の子どもたち

西表島の地勢をみる

朝食を終えて一服していると、そこへ八重山営林署の比屋根署長と黒島さんが大城(おおぐすく)担当員らとジープでやってきた。これから、仲間(ナカマ)川のジャングルを案内してあげましょうと言うのだった。

仲間川については、少々の予備知識があった。東京を出発する前に、琉球新報社東京支社長の伊豆見氏の紹介で、前の年に西表島の植物調査に行った東京大学の野津良知(のづりょうち)博士にお会いしたことがあった。そのとき、野津博士は、

「西表島に行ったら、仲間川だけはぜひ、ごらんなさい。沿岸のマングローブの林と、上流の亜熱帯性多雨林のすばらしさには、目を見張りますよ。アマ

ゾンにはまだ行ったことがないけれども、きっとこんな所じゃないかと思いましたねえ」

だから、私は、わくわくしながら、ジープに乗った。まず、仲間川の全景を俯瞰するために河口に近いヤッサ台地へ向かった。この辺には水牛がたくさん使われている。道々、数台の水牛の車に出合った。

「あれのことを、西表バスと言いましてねえ。あいつは力が強いんで、運搬用にも農耕用にも、和牛の倍は役立つんですよ。それで、終戦直後に台湾から輸入されたのが、みるみる、和牛や島にいた小さな馬を駆逐してしまったんですよ。つまり、ガソリンいらずの耕運機というわけで、ここはまだ機械力が入っていないから、当分は水牛万々歳の天下が続きそうです」

と、比屋根署長が私に説明するのに、

「そのかわり、耕運機は、けつまずくようなものを道に落していきませんけどねえ」

と、大城担当員がつけ加えた。水牛の糞のことを言っているのである、水牛の堆積物は、アリの塔などまではないが巨大で、乾くと堅くなっている。だから、夜歩くときは道の脇を歩かないとひどい目に合いますよ、と言う。たしかに、ウンコにけつまずいて転んだ図

「西表バス」と呼ばれる水牛車

は漫画でしかない。

ところで、ここで西表島そのものについて少し説明しておく必要がある。

東京から飛行機で那覇に行き、そこでローカル線に乗り継げば、その日の夕方には石垣島に着く。石垣島から船で二時間の西表島は緯度から言うと、台湾の台中市とほぼ同じ所にある。琉球列島の中では、沖縄の本島に次いで大きく、東西三十キロ、南北二十キロ、面積二百九十二平方キロの菱形の島で、全島が山岳に覆われていて、平地は非常に少ない。島の長いほうの軸に沿って古見岳（四七〇メートル）、八重岳（四二八メートル）テドウ岳（四四二メートル）、波照間森（四四七メートル）、御座岳（四二〇メートル）が連なっている。南海岸のほうには南風岸岳（四二五メートル）

がそびえている。山はそう高いものはないが、いずれも斧の入らない太古のままの原生林に覆われていて、小径（こみち）すらほとんどないような地域である。

そうして、比較的に川が多い。これらの山岳地帯に源を発する主な河川は北に流れ、浦内川を最大として、斜面には仲良（ナカラ）川、越良川、ユツン川、西田川、ピナイ川、マーレ川、おみじゃあ川などが東支那海に流れこんでいて、中央山脈の南斜面は仲間川を最大として、後良（シイラ）川、前良（マイラ）川、相良（アイラ）川、ヨナラ川などが太平洋に注いでいる。これらの河川のほとんどは、川口が溺谷（オボレダニ）になっていて、潮の満ち干きによって海水の影響をうけることが多く、浦内川では十一キロ、仲間川では八キロ、クイラ川では四キロ、仲良川では十キロの川沿いが満潮期になると水浸しになる。そこで河川流域はうっそうとしたジャングルとなり、河川地帯はマングローブが生い繁っている。

河川は自然のままの姿で、少しも人の手が加えられていないから雨期になると洪水を起こすようになる。海岸線は、西北側にいちぢるしく湾入があって、クイラ川の注ぐ舟浮湾は内離（ウチハナレ）、外離（ソトバナレ）の二つの島にだかれて、多数の大型船を収容できる広さがある。

かつて、日露戦争の当時、東郷提督の率いるわが連合艦隊も一時は、ここにひそんでい

ヤシの自然林。干立付近

たと言われている。そのほかにも白浜（シラハマ）、網取（アミトリ）、崎山（サキヤマ）、祖納（ソナイ）、浦内（ウラウチ）、船浦（フナウラ）なども湾入してリアス式海岸をなしているから、少し手を加えればいい港となるだろうが、これもまた、まだ自然のままに放置されているので、小舟しか出入りできない。北東海岸も、南岸へかけては赤離（アカバナレ）、野原崎（ノバルザキ）、笠崎（カササザキ）、仲間崎（ナカマザキ）、南風見崎（ハエミザキ）のほかは、あまり出入りできない。特に南風見崎以西の南海岸が百メートルも二百メートルもの断崖が海に迫り、鹿川湾を挟んで直線状の海岸をつくっている。

海岸には島をふちどるようにして、リーフ（サンゴ礁）が連なっているが、島の東では、特に発達していて、干潮時になると、海面上

西表島の南海岸

に頭を出すのが二キロも沖のほうに及んでいる。

島は、亜熱帯海洋性気候の特徴を有しているので、植物地理学上からは、旧熱帯植物区系界のマレイ区系域に入る。大部分が天然性林に覆われ、島の周囲部にわずかに耕地原野があるにすぎない。多雨高温なので、植物の成長が盛んである。

ヤッサ台地から仲間川をさかのぼる

ヤッサ台地では、砂糖キビの取り入れの最中だった。

「ここで働いている人たちは、昭和二十七年にヤッサ移民団として新城島から来た人たちですよ。琉球政府で開墾して払い下げたんですがねえ」

と、比屋根署長が話してくれた。大原部落に移住し、そこから通って耕しているのだと言う。もともと、大原部落は、昭和十六年に自作農創設臨時措置法で新城島から強制移住によって開いた部落だったがマラリアが猖獗(しょうけつ)をきわめており、移住者たちはばたばたと倒れた。そして生き残った人たちは新城島に逃げ帰って、政策は失敗した。終戦後、米軍がやってきて盛んにＤＤＴなどをまいてマラリアを全滅させてくれたので再び新城島から開拓民が戻ってきて、部落を復興したのだということだった。

キビの取り入れをしばらく眺めたあとで、私たちは、ヤッサ台地へと行った。そこへは、まだ開墾の手も十分に届いていないらしく、胸を没するほどの枯れ草が茂っていた。私は川の全ぼうを見たいので、アダンの木を見つけて、それによじ登った。

アダンの葉にはトゲがあって、痛い。ちくちくするのをがまんして登って、私は眼前に広がっているマングローブの林と、それに続くジャングルの大景観に声をのんだ。たしかに野津博士が言ったとおりだった。アマゾン川もきっと、こんなふうに違いない。このジャングルの中にヤマネコがいるのだろうか。私は、ジャングルの風景をカメラにおさめたり、スケッチしたり、メモをしたりして、ずいぶん長いことそこにいた。

仲間川のヤッサ台地よりマングローブとジャングル地帯を望む

すると、黒島さんが下から声をかけて「潮が干くと、上流までさかのぼれませんから今のうちに早く行きましょう」

と、注意してくれた。

再び私たちは、ジープに乗って台地を下り、仲間川の河口へ行った。ちょうどあげ潮の時で、まんまんと水はふくれあがって、河川と海の区別がつかなくなっていた。この河口の幅は二百メートル、川にはかなり立派な鉄橋がかかっていた。大原は、西表島のいわば表玄関に当たる。だから橋も立派なのをつくったのかと聞いてみると、

「いいえ、あれは、米軍の工兵隊が演習でかけたものですよ。演習のあとでとりはずそう

としたもんだから、部落の人たちが司令官に頼んでそのままに残してもらったんですよ」という話だった。

川岸には、サバニと、土地の人が呼ぶ小舟が二艘、準備を整えて待っていた。サバニは丸木舟の進化したものと言っていいだろう。この前に私が、石垣島に来たときは、豚の血を塗った刳船が盛んに使われていたものだった。サバニは、刳船を改良したもので、エンジンがついている。私たちは、それに乗り込んだ。舟は、幅が狭くて、中心にうまく乗らないとグラッと傾いて、非常に不安定だった。私は、戦時中海軍報道班員としてセレベス島に行ったときに、戦死をされた伏見伯爵のお供をして、ワニ狩りに行ったことがある。あのときも丸木舟であったが、こんなふうな原始的な小舟に乗ったものだと思い出した。そういえば、セレベスの川の水はとろりとしてココア色だった。仲間川のはそれほどではないけれども、ここいらの海がすばらしく美しく澄んでいるのに比べると、澄んでいないという点では、セレベスの川と同じであった。

私は、舟が走り出してからワニ狩りの話をした。すると、大城担当員が、この島にもワニがいたんですよ、と言った。

「昔はね、日本も暖かだったから、ゾウなどもいたらしい。日本橋あたりから化石が出るから」

と言うと、彼は大真面目になって、

「いやー、そんなんじゃないんですよ。つい、四、五十年ほど前のことで、現に見た人もまだ生存しているんですよ」

と言った。彼の話によると、仲間川のマングローブの中に、トカゲをうんと大きくしたような怪物がいたというので、それをみつけた人が顔色を変えて、部落に知らせに来た。そこで、一同で出かけてみると、怪物はたしかにいた。トカゲに似ているが、トカゲと違うところは、鎧（よろい）のようなかたい皮に覆われていることだった。一同は、わあわあと騒ぎたてたので、怪物はザブザブッと川の中にはいってしまったというのだ。泳ぎもなかなか達者だという。その後、その怪物は何度も姿を現わした。そのために部落の人たちで、仲間川に近づこうとするものがいなくなった。

しばらくしてから、南洋のほうによく出漁する糸満の漁師がやってきて、

「それは南の地方に多いワニさ。ワニという動物は、皮はいい値になるよ」

と教えた。この話を聞いて、私は、それはたしかに、その糸満漁民が言ったように、迷いワニだろうと思った。

河口を五、六百メートルほどさかのぼっていくと、マングローブの地帯が展開しはじめた。西表島の川はほとんど、どの川もマングローブが繁茂しているが、仲間川のは最も雄大だということであった。舟が進むにつれて、左右の両岸はびっしりと繁茂した厚いマングローブの壁になっていて、それは五キロ以上も続いていた。

マングローブとは、まだ完全に陸化していない泥地、つまり満潮になると川底となり、干潮時には陸地になる泥土堆積地に密生した、特種な灌木(かんぼく)林のことを言うのであって、したがって木の種類も一色ではない。多いのは、オヒルギ、メヒルギ、ヤエヤマヒルギ(オオバヒルギ)などで、これに混じって、ヒルギモドキ、ヒルギダマシ、マヤプシギ、オキナワチンコウなどが見られた。

さらに進むと、川岸はだんだんと狭くなって、マングローブに混じって低湿地植物のアダン、イリオモテツルアダン、ミミモチシダ、シイノキカツラなどが見えはじめた。そして、準マングローブ林ともいうべき、サキシマスオウ、オオハマボウ、フトモモ、ハスノハギリ、クロツグナンテンカズラがあらわれ、アコウやガジュマルが長い気根を水面に垂らしていた。ずうっと遠くの山の稜線（りょうせん）には、野生のノヤシの群生が見られたし、東京や大阪に持っていったらすばらしい値になると思える、ヘゴやオオタニワタリなどもふんだんにあった。

舟のエンジンの音でカモの群れが飛びたった。遙（はる）か上空では、きょうもまたカンムリワシが悠々と舞っていた。進むにつれて、川幅はぐうっと狭くなって、タカワラビの葉が肩に触れるようになってきた。上流に近づくと、いつしかマングローブの林は消えて、怪奇な姿の巨木が頭上で枝を交えていた。

ここにサルだとか、ワニなどがいたらターザン映画そっくりだな、と思った。屋久島まではサルがいて、台湾にもサルがいるのに琉球列島だけいないのはどういうわけだろう。琉球列島（奄美大島を含む）の動物相が、かなり、ほかと異なっている点なども、考えてみるとたしかに興味深いものがあった。

「ああ、これは珍しい。ヒメツルアダンの花だ。私もはじめて見ました」
と黒島さんが突然に叫んだ。密林の木陰には地味な色彩の花がひっそりと咲いていた。

仲間川の河口

ジャングルの女王というのにふさわしい、神秘な感じのする花であった。

その日は仲間川を、舟が行ける所までさかのぼっただけで上陸はしなかった。上陸しようにもうっそうたるジャングルで、どこから入り込んでいいか解らない。これでは、たとえヤマネコがいたとしても、発見は至難だと思えた。

古見の部落から野原崎へ向かう

次の日も、黒島さんと比屋根署長とがジープで迎えにきた。きょうは一つ、東海岸を行ける所まで行ってみましょう、と言う。天気もよかった。宿のおかみさんに頼んで、急いで握り飯をつくってもらって、水筒

仲間川上流。ヘゴの花が美しい

にお茶を入れた。この島には、一軒の食堂も茶店もない。旅館を営む家は全島で四軒ほどあるが、食物の不足している島なので、泊まらなければ食事は出してくれないから、昔の道中と同じで、どこへ行くにも弁当持参でなければならないのだ。

ジープは、仲間川の米軍の鉄橋を渡り、大富（オオトミ）部落を抜けて古見（コミ）に向かった。途中で、ヤマネコの話になった。この辺の人は、ヤマネコもヤマシと同じようにつかまえたら、毛ごと焼いて汁にして食べてしまうのですよ、と黒島さんがとんでもない話をはじめた。ヤマシというのはイノシシのことである。山のイノシシと書いてヤマシと土地の人は呼んでいる。

「えっ？」

と妙な顔をしたら、なにしろ、肉屋も魚屋もない所ですから、何でもとれるものは食糧にするんですよ。私も子供の時に滋養になるからと、兄貴から無理に食わせられたことがありましたよ。味はもう忘れてしまいましたが、気味が悪かったことだけは覚えています、と、黒島さんは話を続けた。ヤマネコを焼いて食べるなんて、ずいぶん野蛮だなあと考えるのは、都会人的な見方である。開拓部落は、それだけ貧しいのだ。食べられるものは何でも食べなければならない。

やがて、ジープは、この島で最も古い歴史を持つといわれる古見の部落に着いた。ここに営林署の担当区事務所があり、そこで昼食をすることにした。コミとは、米の古語だと言われ、日本に米が入ってきた時にまっ先にここに籾(もみ)が入ってきたから、この名がついたという伝説がある。しかし、この伝説は少々こじつけのように思える。だが米のことをコミと言ったのだから、米と何か関係があるのかもしれない。とにかく、この村は八重山群島で一ばん早く開かれて今日まで続いている部落で、出土土器などから見ても、約一千年前から人が住んでいたらしいと言われている。

ここに友利加那という老人が住んでいた。その人から話を聞いた。

「わしが、竹富島からここに移住してきたのは、昭和三年じゃった。今日、この部落は四十一戸じゃが、当時は十七戸しかなくてなあ。学校に通う子供は十一人で、一年生が一人、二年生が一人、三年生はいないという有様で全部の子供がマラリアに侵されて、健康なものは三名くらいでのう。竹富から、わしを入れて三人が移住してきて、石垣や本島からも来ていたが、本島の人は農業をやったことがない人たちだったから、すぐにあきらめて引揚げていったよ。

　わしらは最初はイモを作り、山仕事をした。魚とヤマシとが大切な食糧でなあ。ヤマママヤも食べた。畑のものは自分らの口に入れるのがやっとで、収入は山の木を伐って儲けた。フクギ、シラタブ、ソメモノイモの皮から染料をとって売りもした。米を作るようになったのは、昭和四年からでなあ。なにしろ、この島はマラリアがひどくて、全村民がこれにかかって、男も女も妊娠しているようにお腹がふくれていたよ。その頃の村は、木がうす暗く茂って、アノフェレス（マラリアアカ）の巣じゃった。移住当時、マラリアの手当としては何にもなかったもんで、ヨモギとバショウの汁に黒砂糖を入れて飲ませて、ふくれた脾臓を冷やし、精がつくというので犬の肉を食べさせたりした。背中の筋肉をカミソリで血を出すといった原始的な治療だから、体力のあるものだけが生き残ったというわけでなあ」

私に踊りを教えてくれた石垣島の崎山用能さんも、ここの村に疎開をしていて、マラリアのために病没したということだった。私たちは昼食後、由布(ユブ)から野原崎へと向かった。いつしかだんだんと雲が厚くなって暗くなり、パラパラッと雨が吹きつけてきた。野原崎は荒涼としたたたずまいであった。ここからは、小浜島を前景として石垣島がよく眺められた。雨がひどくなってきた。ふと見ると、浜辺に小さな小屋が一軒ポツンと建っていたので、そこへかけ込んで雨やどりを乞うた。都会では想像もできないような、ひどいなりをしたおばあさんが、さあさあどうぞ、と、快く迎えてくれ、板の間にむしろを敷いてくれた。おばあさんは、お茶をわかし、タコの煮っころがしを皿に盛って私たちにご馳走(ちそう)してくれた。

「泡盛でもあれば、いっぱい飲んでもらうところじゃが、夕べ、じいさんがみんな飲んじまったでなあ。すまないなあ」

と、ほんとうに心からすまなさそうに詫(わ)びた。この島の人たちは、ほんとうに素朴であった。

その晩もネズミどもが一晩中騒いだ。ネズミにはこちらもだいぶなれて、どうやら眠れるようになったが、それでも寝ている時に、口びるをガブッとやられたんではたまらないから、寝る前には、よく口や指を拭いておくことと、蚊帳（かや）のすそを将棋盤だの、古雑誌だの何でもそこらにある重いものを持ってきて、押さえつけることは怠らなかった。それでも、ネズミどもは傍若無人に侵入して、枕もとで騒ぐのである。

なぜ、ここにはこんなにネズミがたくさんいるのかと、私は営林署の人に尋ねてみた。その答えは次のようであった。マラリアを退治するためにＤＤＴをうんとまいた。そのためにヤモリが死んだ。そのヤモリを飼猫が食べて猫が死んだ。

日本の諺（ことわざ）に、大風が吹けば桶屋（おけや）が儲（もう）かる、というのがあるが、ちょうどそれと同じ悪循環で、マラリアはなくなったが、ネズミは激増したのだと言う。しかも、この島の唯一の収入として砂糖キビが作られているので、それを食べるためにネズミはどんどんふえていったのであろう。

毎晩、ガチャガチャと音をさせて荷物をひっかきまわし、リュックにもぐり込む。私は、フィルムがかじられはしないかと、心配だった。そこでフィルムケースだけは抱いて寝た。あるとき、営林署に遊びに行ったら、ハブのミイラが置いてあった。尋ねてみると、この裏に出てきたのを署員がみつけて、標本にするためにホルマリンを注射して、体の中に針金を通して形を整えたものだと言う。なるほど、生きているように、かま首をもたげて、牙をむいていかにも恐ろしげに見える。感心して眺めているうちに、これを枕もとに置いたら、ネズミのやつ寄りつかないいんじゃないかなと思った。

ハブはネズミを常食としているから、ネズミにとっては天敵なのである。そこで、わけを話してこれを借りることにした。これで今夜から安眠できそうだと、ほくそ笑んでいたのだが、なんのその、そんなことで恐れいるような生やさしいネズミどもではなかった。さすがにホルマリンの匂いのするハブには、牙をたてなかったが、周囲を走り回ることは同じで、かえって朝になって掃除のために部屋へ入ってきたおかみさんが悲鳴をあげて逃げ出してしまった。

便船待ちの間に、再び山猫の話を聞く

東海岸で、私はヤマネコを獲ったり、見たりしたという数人の人から話を聞き、メモを取った。それらのデータを見比べてみると、高良鉄夫博士がいったように、その特徴が一

致してるので、これはほんものかもしれないと考えはじめていた。

当時は、私たち日本本土から沖縄に行く者には、三十日しか滞在が許されなかった。それ以上滞在しようとすれば、面倒な手続きをして許可を得た上に、その人の収入に応じてかなり莫大（ばくだい）な外人滞在税を支払わねばならなかった。米軍が押さえているとはいえ、沖縄は日本の潜在領土なのだ。それなのに外人扱いされるとは、実に妙な話だが、施政権がアメリカにある以上、やむをえないことであった。そういった理由から、私も、許された範囲内でできるだけ早く調査を終えなければならなかった。

悪いことには、ちょうどその頃から天候があやしくなりはじめた。西表島の東海岸から西海岸へ行く船便はなかった。はじめの計画では、八重山営林署のヨットを借りて、西海岸へ回ることにしていたのだが、このヨットもチャチなので、海が荒れはじめてきては無理だということであった。そこで、次の計画ではサバニで仲間川をさかのぼり、御座山のジャングルに踏み入って、波照間森に出る。ここまで行けば、八重山開発株式会社が山林道を作っているから、トラックがきているので、それに乗せてもらって西海岸の白浜に出ることができるはずだった。

しかし、途中で野宿しなければならないが、小屋もなく、寝具もない。二月とはいえ、この地方では、火さえたけば寒くはないが、雨にやられると困るのだ。その心配があった。黒島さんといろいろ検討した結果、第三の計画の、少し回り道ではあったが、船便で一応、石垣島に戻って次の船待ちをして西海岸に渡るといった平凡なコースが一ばん安全で、かつ、確実だということになった。急がば回れだ。これまで集めたデータを整理して、フィルムを東京に送る必要もあったので、私たちは一応石垣島に戻ることにした。

石垣市で西表島西海岸行きの船便待ちをしている間に私は、石垣市中央教育委員会の大(おお)浜信光(はましんこう)さんに会った。その大浜さんの紹介で、松山忠夫(まつやまただお)さんという人に会うことができた。松山さんは、長いこと西表島にいて、狩りなどをしていた人で、ヤマネコを何度もとっているということだった。私は、松山さんからヤマネコの話を聞きたかった。松山さんは、大浜さんと一緒にわざわざ私の旅館までやってきて、次のような話をしてくれた。

「あれはー、昭和二十三年の二月のことでしたよ。私は、友だち数名と崎山(サキヤマ)の奥のほうにヤマシを撃ちに行ったんですよ。こちらでは日本（沖縄の人は日本本土のことをこう呼んでいる。同じように八重山の人は、沖縄本島のことを沖縄と呼び、西表島の人は、石垣島のことを八重山と呼んで区別している）と違って、巻き狩りはやりません。ヤマシは朝方、原野に出てきますので、早く出かけて行って、ヤマシたちがえさを拾っているところを撃つわけです。ところが、その日は一頭も出てきませんでした。午後になるとヤマシたちは密林に入って寝ていますから、それを探すことにしました。弁当をつかってから、みんながばらばらになって、思い思いにジャングルの中に分け入りました。つまり、寝ているところにそっと近づいて撃つ、忍び撃ちというのをするためです。

午後二時ごろでしたか、私が一人で足音をしのばせて歩いていますと、二、三メートル先の繁み（しげみ）で、がさっと音がしました。ヤマシと思って銃をかまえると、黒っぽいやつがそばの立木にするっとかけのぼって、六、七メートル上の木の股をふまえて、フーッとうなったのです。尾をゆさゆさと揺り動かして私をおどしているわけです。あー、これが話に聞いたヤマネコかと思いましたね。

そこで、一発撃つと、真っ逆さまに落ちました。そばに寄ってみると、鼻の先から尾の付け根までの長さが約五十五センチぐらいで、肩の高さが三十センチぐらいありましたね。鼻っぱしらが飼猫より少し長くて、ガッシリしているように私は思いました。毛色は、ネズミ色に少し暗褐色を加えたような、ぼけた色でヒョウのような斑紋が、ヒョウのようにははっきりしてはいないが付いておりました。雄でした。珍しいから持って帰ろうとしましたが、ひどくくさいんです。ぶら下げて少し歩いていたら、手まで臭くなってきたから途中で捨ててきてしまいました。

　そのあと、昭和二十六年にも仲間川の上流、俗に雨乞（アマゴイ）と言われている山中でぶつかったことがあります。その時は、私は鉄砲をもっておらず、この辺一体にイノシシ用の罠（わな）をかけていましたので、ヤマシがひっかかってはいないかと、鉈（なた）だけを腰につけて見回っていました。

　ちょうど夕方でした。アメリカ軍が演習で作った山道を歩いていますと、三、四十メートル向こうから、私のほうにヤマネコがやってくるんです。犬でも猫でも夜行性の獣というのは、耳や鼻はきいていますが、眼は案外にだめなもんですね。うまい具合に、猫のほうから風が吹いてきたので、やっこさんは私に気がつかないんです。

　私は、道のそばの草の陰にしゃがみ込んでじいっと見ていました。鉄砲があったら文句なしに撃ちとるところですが、鉈だけなので、見ているしかありませんでした。夕方のせいでもありましょうが、前にとったヤマネコよりは黒ずんだ毛色をしていたように思いました。しかし、体の大きさや斑紋は大体同じようです。息を殺して見ていますと、ヤマネコは少しも私に気づかずにゆっくりと近寄ってきました。ぜんぜん、足音を立てないんです。三メートルぐらいまで来たら石をぶつけてやろうと手を伸ばして石を拾いましたら、その気配に気付いたのでしょう。横っ飛びに林の中に逃げ込みました。たしかにあれはヤマネコです。飼猫の野生化したものと、ぜんぜん違いますねえ」

私は、松山さんの話を、私が東海岸で聞いたヤマネコの話と比較してみた。私がそれまでに聞き集めたデータによると、島の人たちが、ヤママヤと呼んでいるものに、二つの型があることに気がついた。一つは、松山さんの言ったのと同じ、ぼけたような暗褐色の豹紋のある体長四十センチから六十センチ。肩の高さ三十センチほどの、尾がそんなに長くない猫である。後一つは、前の猫の二倍以上もあるトラ毛の大型種ということであった。古見で会った一人の老人は、私にこんな話をしてくれた。

「小さいのはピンギマヤじゃ。わしらが、ヤママヤというのは犬ほどの大きさのある猫じゃ。たしかに二つの種類がおる」

私のこれまでの経験から、狩人や山村の人たちの話は、しばしば大げさなものであるということを知っていた。トラ毛模様の犬ほどのヤマネコの話は、日本領土内では、その存在は信用できなかった。私は、小さいほうがヤママヤで、その大きいというトラ毛のほうが、ピンギマヤではなかろうかと考えた。

雨の中を西海岸へ渡る

翌日も雨だった。風も少し強い。これでは船は出ないな、とあきらめていた。こんな所に来ては、あせりは禁物だと承知していても、一日、一日と日数が無駄に消えていくのが、ひどく惜しい気がした。することもないので宿で寝っ転がっていると、親戚の家に泊まっている黒島さんが、船浦に行く住吉丸が出るそうです。それに乗りましょうと、知らせに来てくれた。しめたっ!と私はがばっとはね起き、リュックをかついで波止場にかけつけた。

ここのところ、船が出ていないので住吉丸は超満員で、すでに屋根までぎっしり人が乗っていた。これで遭難でもしたら大へんだな、と思いながらも乗らなきゃあ、このあといつ乗れることやら、と乗り込んだ。

風は北西風だった。石垣港を出るまでは、西表島の陰になっていたので、海は静かだったが、野原崎を回ると、まともに吹きつけてきて、はたして海は荒れ出し、船酔いするものがたくさん出はじめた。三時間の航海のあとで、船は鳩間島に荷下しのため寄った。この島で一時間を費やし、鳩間島の対岸の船浦へ着いたときは夕方であった。

雨が、かなり激しくなっていた。いくら暖かい地方といっても、こんなときの雨は、やはり肌に冷たかった。波止場に降りたものの、リュックをしょってこれからどうしたものかな、と思案をしていると、声をかける人があった。石垣島で紹介された西表産業の尚（しょう）さんだった。トラックがあるからお乗りなさいと言う。私と黒島さんは、渡りに船と有難く乗せてもらった。ほかにも何人かが荷台に乗った。

トラックは走り出した。島の人たちは、こうしたことには馴れきっているとみて、平気で雨の中を裾をまくり、荷物を頭に乗せて坂道を歩いて行く。途中に小さなわら家があって、たくさんの人が雨やどりをしていた。宿屋なんです、と運転をしていた会社の人が教えてくれた。宿屋とは見えない、まったくみすぼらしい農家であった。私は、この家を見たときに、宿屋というものの発生の姿を見た。きっと、昔の宿屋はこんなだったろう。東海道の旅籠屋も、民家が頼まれて、旅人の世話をしたのが起こりだ、と書いてあったのを読んだ記憶がある。ここいらの宿屋は、それを本業としているのではなくて、泊めて欲しいといわれた時だけ臨時に部屋を貸すという仕組みなのである。

尚さんは、雨がひどくなってきたから、ここで泊まっていきませんかとしきりに勧めた。浦内川の所まではトラックが行けますが、それからは渡し船だし、その先はこの雨の中を三、四里ほど歩かなければなりませんよ、と言う。

その言葉に、私の気持ちはだいぶぐらついた。冷雨の中を、びしょびしょぬれながら歩いて風邪でもひいたら、その後の取材にさし支えると思ったが、黒島さんは、予定どおり祖納まで行きましょう、今日中に行っておかないと、明日からの日程が苦しくなりますよというので、案内人の彼の言葉に従うことにした。

尚さんが今度は代って運転をして、私たちを川岸まで送ってくれることになった。途中の上原部落の営林署担当区事務所から、祖納の担当区事務所に電話をして、川の向こう岸までオートバイで迎えに来てもらいましょうと黒島さんが言った。担当区に寄ったが、電話が故障して通じないと言う。そこで部落にもう一つだけある電話で、その旨を言ってくれるように担当員の人に頼んだ。

直接に相手に通じるものではなくて、伝言だから心もとないことこの上ないが、私はだまっていた。郷に入っては郷に従えだ。冷雨は小降りになったり激しくなったりした。私たちのトラックは、ガタガタとひどく揺れながら穴ぼこだらけの原野の道を走った。

途中いくつかの部落を通過した。西表島は、石垣島やほかの島々と違って、移民によって開かれた植民地だから、寄り合い世帯のようなもので、家の作りを見ても、人の生活でもばらばらであった。西表島独特のものというのはなく、村々でその人たちの故郷の味を出していて、沖縄本島風とか、小浜島風とか、石垣島風といった生活をしている。尚さんは、

「私たちはそこに住んでいる人たちの顔を見て、ああ、これはどこの村の者だなと、検討がつきますすよ」

と説明してくれた。

浦内川に着いた時は、真っ暗になっていた。西表島第一の川であるこの川には、橋がない。渡し守のじいさんが、私たちを見て、今頃やって来て、と少々おかんむりだったのを

頼みこんで無理に船を出してもらうことにした。しかし、果たして伝言が届いて迎えのオートバイが来てくれるかどうかと不安だった。これから雨の中を、三里も四里も歩くのではたまらない。

渡し守のじいさんの小屋で、三十分ほど待っていると、二本のサーチライトが向こう岸のマングローブ越しにチラチラと見えた。迎えに来てくれたんだ、やれやれ助かったと思った。尚さんに礼を述べて、向こう岸に渡った。チピソギャーと呼ばれている、オキナワアナジャコ（エビガニの大型種）があけた、穴だらけの野道はオートバイではまことに危険だったが、それでも歩く気はしない。運転は上手で、無事に祖納の宿に着いた。

ところが、表戸がぴったりと固くしまっている。ドンドンと叩いていると、やがて、奥から娘さんのような顔をした奥さんが出てきた。雨なので早じまいをしたのだなと思った。覚悟していたことだが、風呂はない。すぐに食事が出る。食べはじめていると、もう隣りで主人が床をのべてくれる。いやに急がせるな、と思っていると、奥さんが顔を出して、

「お客さん、踊りを見に行きませんか」

と誘った。この雨が降っている中を……と私がびっくりした顔で聞き返すと、奥さんは

細々と菅笠（すげがさ）を作っている村人

すまなさそうに、

「実は今晩は年に一度の踊りの日なんです。村の青年たちが踊るんですが、なあんも娯楽のない所だもんで、みんなずっと前から楽しみにして今晩を待っていたんです。もし、お出かけにならないんなら、お客さんに留守番をさせて悪いけんど、私たちに行かせてください」

ああ、行ってらっしゃいと送り出したものの、今晩はじめて会ったどこの馬の骨とも解らない者に家を預けて行けるなんて、のん気だな、と思わないでもなかった。しかし、こんなところに西表島の人たちの良さがあるのだ。私は、こういう人たちの良さが、沖縄の本土復帰で汚れた都会人たちによってそこなわれないことを希望する。

翌朝、窓の下で飼ってあったニワトリの鳴き声で眼が覚めた。昨夜は不思議とネズミの襲撃がなかった。そこで、朝飯を運んできた眼のくりっとしたお手伝いの娘さんに尋ねると
「ああ、ここいらでは砂糖キビを作らないから、ネズミはいませんよ」

と言った。八重山の主要産業である砂糖キビやパインに、ネズミが大害を与えるということを聞いてはいたが、そのことが今はっきりと解った。

娘さんの耳の後ろに、白粉が残っていた。きっと、昨夜は、彼女も踊ったのだろう。

西表島には廃村が多い

きょうも雨だった。そして珍しく寒い。干立の実家に戻っていた黒島さんがやってきて、これは前線が停滞しているからだそうで、当分天気はぐずつくと言っていますよ、弱りますな、と言った。

しかし、一日も無駄にできないので、雨の間を見て、この付近を取材することにした。

祖納部落というのは、西海岸では最も人口の集まった所で、今から二百五十年ほど前に村造りがなされたと言う。もっともその頃の部落は、現在の所ではなくて、宇嘉利と呼ばれる山地にあった。

今の祖納部落は当時は水田であって、作物として水稲を作るだけで、村人たちは山を下って働きに出てきていたのだそうだ。山地には良い水が出ないので、女たちは桶やかめを頭にのせて、海岸に近い井戸まで急な坂道を降りて水を汲みに行かねばならなかった。また、船で揚げた荷も、苦労して山の上の部落に運び上げねばならなかった。そんな苦労までして、なぜ山の上に村造りをしたかというと、マラリアのためであったらしい。少しでも風が通って、マラリア蚊の少ない所を選んだのだろう。

ところが、ここでもマラリアは発生した。その上、レプラが広がりはじめた。レプラは今日までは単なる伝染病にすぎないことが証明されているが、昔は天刑病として恐れられた。神々の怒りを恐れた人たちは、山を降りて水田をつぶして村造りをした。部落の移転は比較的新しい。宇嘉利に残してきた山畑がなつかしくて、今日でも働きに通う老人の姿も見られるほどで、したがって捨てられた村には石垣だの、村道だの、家の土台石だの、庭木などがはっきりと残されている。宇嘉利に最後までとどまっていた老夫婦が、とうとう耐えきれなくなって村を捨ててきたのが、昭和八年というから、私が最初に祖納に行った年からさかのぼると、まだ三十二年しか経っていない。

西表島には廃村が多い。主なものだけ拾ってみても、東海岸の南風見、西海岸の祖納、崎山、南海岸の鹿川と、廃村の数が歴然と残っている。古いのは、二、三百年以上も経っているが、新しいのは宇嘉利のように、まだ三十二年ほどしか経っていないというのもある。

この島では、小さな人間が大自然にいどみ、密林を伐り開いて生きる道を見つけようとする開墾の初めから、村造りにとりかかっている創生期の姿、そして大自然の猛威に屈して敗退する歴史、細々とではあるにしても勝ち残って、大地にしがみついて生き続ける苦闘の有様をいろいろと見ることができる。

私は、東海岸や、西海岸のジャングルの中で、あるいは草原の中で幾度もこういった、太陽の届かない村にぶつかった。東海岸の南風見の廃村は、享保十九年に波照間島から、寄人（移民）四百人を強制的に送り込んで開いた村であったが、三年後の元文二年には、もう十九人が疫病のために倒れていた。そうして、年々衰弱して明治六年には人口は二十人に激減し、大正九年に最後までこの土地にしがみついた二戸の開拓農家が、力尽きて新城島に引き揚げて、まったくの廃村と化してしまった。多雨温暖なこの地方では、樹木や木や草の繁殖生長もはげしくて、廃村の跡はいつしかジャングルと化してしまっているのだった。

営林署の人が山刀で伐り開いてくれた跡を、そこにひそむハブに用心しながら歩いていって、石垣の崩れや石段や、御嶽（うがんじゅ）の跡などを、つる草の底に発見すると、何とも言えない厳粛さにうたれるのである。八重山には日本式の寺や神社は見られない。それに代わるものとしてあるのが、御嶽であって、村の人たちの信仰を集めている。ウガンとは、御拝（うがみ）の意味なのである。私は、これらの廃村の跡を訪ねて、インカの遺跡を最初に発見した人も、きっとこれと同じ感動にうたれたろうと思った。

雨は突然やってきてはやみ、やんではまた突然襲ってきた。私は、黒島さんと祖納担当区の全域、船浮、那根担当員らと共に、祖納の廃村を歩きまわった。ここの廃村は新しいので、村の道も石段も、家の囲いのサンゴの石垣も、かなり、はっきりと残っていた。しかし、家は跡かたもなく消えている。昔の豪族の屋敷だったという石垣囲いの中に入ってみた。胸の高さまでの雑草が生い茂って、風に揺れていた。屋敷の隅にバナナとパパイヤの木があって、小さな果実を付けていた。人が住んでいた頃は、手入れもされていて、たわわに実っていたのであろうが、今はすっかり野生化してしまっている。

「ここへ来て、何かお気づきになりませんか」

と、黒島さんが言う。さて、なんですかねえ、と首をひねると、

「スズメがいないのですよ、鳴き声がしませんでしょう」

そういえば、朝から一度もチュンという声を聞いていない。スズメなどはどこにでもいると考えていたが、なる程、西海岸に渡ってからはスズメの姿を見ていない。その理由について黒島さんも解らないといったが、いつでも見かけるものの姿がないということは、寂しいものだ。普段は見慣れてしまって何とも思っていないのだが、意識しない親しみを私たちはスズメに持っているのだろう。草の茂った村道を歩いていると、向こうからおばあさんが来た。若い頃、ここに住んでいた人だと言う。おばあさんは、頭の手拭を取って、こんにちはと丁寧にあいさつをして去って行った。ここの人たちも純朴で礼儀正しい。

坂の下に古い井戸があった。さっきのおばあさんも、娘時代はこの井戸から水を汲み上

廃村の跡

げたことだろう。井戸近くに海があって、景色が美しい。恋人たちが、人目をしのんだ所かもしれない。そんなことを私は考えた。

西表島には廃村が多いので、廃村にまつわる悲しい物語が、数限りなくある。それをいちいち紹介していては、この本の目的ともはずれるし、この本一冊書いても書ききれないから割愛するが、これだけの多くの廃村がある以上、その人たちが飼っていた飼猫が、山に入って野生化したとしても、けっして無理な想像ではないと、私にはまたも思われてくるのであった。

翌朝、宿で朝食をしたためていると、黒島さんがやってきた。私は食事をしながら、

「この島にマラリアがやってきたのは、いつでしょ

うねえ。昔からあったんでしょうか」

と、黒島さんに聞いてみた。黒島さんは
「西表のマラリアについては、こんな伝説があるんですよ。今から四百年ほど前に、オランダの船が祖納の前泊湾に難破して、漂着したそうです。部落の人が総出で、まだ生きている船員を救いあげて、手当をして送り帰したそうですが、そのお礼にと言って洋犬をくれたといいますが、耳の垂れたその犬が来てから熱病がはやりだしたので、この犬が病気を持ってきたと言って殺してしまったそうです。

今から考えると、オランダの船員たちがマラリア菌の保菌者だったたんでしょうね。それまでは、西表島にも石垣島にもマラリアはなかったそうです。マラリアを媒介するアノファレス蚊は、もともといたんでしょうが、菌を持っていなかった。そこへ菌が入ってきたから猛烈な勢いで広がったのでしょう。

この辺では、マラリアのことをフウキ、沖縄ではヤキと言います。どちらも焼くように熱が出るという意味です。もっとも、伝説ですから当てにはなりませんが、考えられないこともないですね。西表島が、一ばんひどく、次が石垣島で、与那国島とその他の離島、沖縄本島にはマラリアはありませんでした」

と話してくれた。

昭和二十年、沖縄がねらわれだすと、軍は竹富島に属する小離島の住民を、西表島の山岳地帯に、石垣島の人口集中地域の村を東海岸に疎開させた。その人たちは、原始林や洞窟の中にひそんで、開墾を続けた。その結果は、戦火による死亡者はなかったが、マラリアのために多くの人が死に、罹病率が激増し、戦後帰村した村々で言語に絶するマラリアの大流行をきたしたのだった。

サバニで訪ねた網取部落の話

二月は一年中で雨が少ない月だが、ことしは少しどうかしとるぞいと、部落の人が語っていた。祖納部落にある測候所の所長さんの喜舎場さんは、石垣島に住む郷土史家、喜舎場永珣翁の令息で、私が、日蝕で石垣島に行った当時の石垣島の測候所にいたということだった。この喜舎場所長に、天気はこの二、三日どうでしょうかな、とただすと、

「人智、及びがたしですなあ、ハッハッハッ」
と大きな掌でピシャリと後頭部をたたいてカラカラと笑った。天気屋さんに見放されては、もう仕方がない。雨がやんで、少し薄日がさしたのをきっかけに、思いきって網取部落に渡ることにした。

網取は、西海岸でも最も奥の部落で、陸を歩いていこうにも道がない。したがって、サバニで行くしかないが、途中に、サバ崎という難所があって、少し雨風があるとサバニは転覆する危険があった。だから、この部落へ行くにはよほど天候を見定めた上でないと渡れないし、渡ったが最後、島流しになる公算も大であった。金城君と舟浮君が、サバニを出してくれた。私は、黒島さんとそれに乗り込んだ。

途中で白浜に寄った。ここは西表島一の良港と言われていた。それというのも、戦前に石炭を積み出していたからである。白浜担当区員の幸地徳和(こうちとくわ)君もついてきてくれることになった。

満潮なので内離島の裏を通って舟浮湾に抜け、サバ崎に出ることになった。八重山の海はすばらしいが、特にこの辺りの海は美しかった。船べりから見下すと、サンゴ礁に赤、

廃村の跡

青、黄、緑、紫、黒、縞と実に極彩色の鮮やかな熱帯魚が群れていた。水に手をつけてみると、真冬だというのにそんなに冷たくない。手をつけたまま、しばらく走っていると、不意に手のすぐそばから、にゅうっと細長いものがもち上がった。見ると、ウミヘビであった。わっと、思わず手を引っ込めた。ウミヘビは舟の中をのぞき込むようにして鎌首を持ち上げ、そのままゆらゆらと揺れながら、後方に去っていった。この辺にはセグロウミヘビだの、エラブウミヘビが多い。いずれも毒蛇である。

サバ崎は、東シナ海と太平洋の大うねりがぶつかる所だけに、さすがに波が荒かった。うねりの頂上にある時と、うねりの底にある時とでは五、六メートルは高度が違うだろう。これでは少し荒れたら航行不能になるはずだと思った。

昼少し前に、網取の浜に着いた。白い砂浜が続いて、折から顔を見せはじめた太陽に、まぶしく輝き出した。砂浜にはシャコ貝、ホラ貝など、珍しい貝殻がいっぱい散らばっていた。浜のそばに学校があって、歌声が流れていた。島からすぐに静かな部落になっていて、サンゴの垣根が続いている。戸数十七戸、二十二世帯で人口は八十名くらい。水稲作りと営林署の植林伐採事業で働くのが、部落民の主な仕事だということだった。

「今夜の宿は、入伊泊清光（いいどまりせいこう）さんの所にお願いしましょう」

と、幸地さんが言った。入伊泊さんは、長いこと網取小中学校の校長をしていて、このほど引退された部落の長老で、徳高く、村人から、守礼の翁と尊称を奉られているということだった。沖縄の人は、〝守礼〟という言葉を好む。入伊泊翁の人柄がそれで解った。

網取部落開村の歴史は、この半島の裏手にある崎山廃村の場合と違って、はっきりとしていない。言い伝えによると、人頭税の苛酷さに耐えかねて、祖納から脱走して来た人々によって作られた部落だということだった。最初は目立つのを恐れて、一軒の長屋に隠れ住んでいたが、年と共に子孫がふえてきたから、格好の家を建て、御嶽を作って村開きをしたという。明治三十一年に今日の網取中学校の前身である大川尋常小学校崎山分校というのが設置された。入伊泊翁は、ここの校長を長いこと務めて、部落民の教化に当たったのであった。

翁は小学校から学業に秀れていた。そのため、東京へ留学させようという話もあったが、老いたる両親を置いて行くにしのびないと、その話を断り、立身出世をあきらめて、その代り郷土の訓育に全身全霊を捧げてきたということだった。守礼の翁のいわれは、そのへんから起こったに違いない。体の大きな、一見、ぼう洋とした温厚な人物で、彼は私たちを快く迎えてくれ、部落内を案内した。

一人の娘さんが、水桶を天秤棒で重そうにかついできた。彼女は道のそばによって、私たちに丁寧に頭を下げた。

「大へんですね」

と、私が言うと、守礼の翁は

「はい、昔から、水汲みは女の仕事となっていますが、大へんな労働です。ですが、近頃の若い者はああいうことをきらって、みんな都会へ行ってしまうんですよ。ここも戦前は百人以上の娘が住んでいたのですが、今では娘はあれ一人です」

蓋盛（ふたもり）きぬ、というのが、その娘さんの名だと聞かされた。二十三歳になる彼女は、青年男女のいないこの部落で、さぞ味気ない思いで暮らしているのに違いないと思った。私は、あとで彼女と少し話してみたいんですが、と言うと、

「いいでしょう。いつでも呼べば来ますから」

と、守礼の翁は答えたが、次々といろいろな人に会っているうちに、彼女と話す時間も失ってしまった。夜になってから、彼女は私たちの宿舎になっている守礼の翁の家をたずねて来たそうだったが、その時、ちょうど部落長だの、学校の先生だのが大ぜい集まってきていたので、遠慮したらしい。私は、帰りの船の中で、あと四カ月もすれば、もう一度ここへ来るのだからその時インタビューしてもいいと考えた。ところが、二度目にこの部落を訪れた時、彼女は世を去っていて、もはや語るすべもなかった。私は、人の命のはかなさというものを、しみじみと感じると共に、またの機会に仕事を譲るおろかさを、はっきりと悟らされたのであった。

最近、西表島から帰ってきた人の話を聞くと、この網取部落も今日では廃村になって、

網取海岸よりサバニを出す

だれ一人住んでいないということである。親切だった守礼の翁をはじめ、村の人々は今、どこにどうしているだろうと思うと、わずか七年間という短い歳月にも、あまりの代わりようにぼう然となってしまうのである。

ヤマネコを入手した人に会う

昼になった。昼めしのご馳走は、この山でとれたというイノシシの肉であった。沖縄のイノシシは、日本本土のイノシシよりずっと小型だが、八重山群島、ことに西表島のは一ばん小さくて、成獣でも秋田犬ぐらいしかないから、狩人は一人でしょって山から下りてくる。そのかわり、肉は柔らかくてずっとおいしい。こちらの人は、皮ごと焼いて食べる。私にとって、こうした食べ方ははじめてだったが、コリコリとした皮の歯応えは、なかなかおいしいものであった。

網取中学校に親富祖善繁という先生がいた。山猫に興味を持ち、この島では最も熱心に追っかけていると聞いた。琉球大学の高良鉄夫博士に師事して勉強しているという。この人が夜になってから、村の山田武男、部落会長の嵩原徹という人たちと一緒に私をたずねてきてくれた。親富祖さんは四十日ほど前にヤマネコを手に入れたということだった。今までは話だけとして知っていた西表島のヤマネコが、急に身近な、現実なものとして私に感じられてきた。

「残念なことには、私が、罠にかかっていたその山猫をつかまえに行った時には、もう死んでいましてねえ。もう一日早く聞きこんでいたら、生け捕りできたのですが……」

と、親富祖さんは沖縄人特有の澄んだひとみをクルクルと動かしながらしゃべった。

「粟野実という猪猟師がいるんですよ。鉄砲じゃなくて撥ね罠でとるんですが、この人が去年の暮に、この辺一帯から崎山にかけていっぱい、罠を仕掛けたんでした」

撥ね罠というのは、立木の弾力を利用した罠で、立木を曲げてそれに結びつけたワイヤー

網取の集落

を軸にして、地上に置く。獣がうっかり、その輪の中に足をつっこむと、罠がはねてワイヤーで宙吊りにされてしまうという式のもので、終戦後、白浜にやってきた台湾人の楊添福（やんてんぷう）さんが、部落民に伝え、これがたちまちに広がったということであった。

「それまでは、犬と槍（やり）、あるいは日本式の落とし穴でとっていたんです」

と、山田さんがそばから説明した。今は犬を使いませんか、と私が尋ねると、たった一人東若力三（ありわかりきぞう）という猟師だけが、昔風に犬と槍と鉄砲を使って、ときどき狩りをしています、という返事だった。

「そういえば、力三も何度かヤマネコをとっている。あれを呼びましょう」

と守礼の翁が家の者を走らせた。

「ところでさっきの話ですがねえ、ことしの一月十四日に、私が粟野に会ったら、崎山の上のウツモリに仕掛けた罠にヤママヤがかかって唸(うな)ってた。ヤマシじゃないし、気味が悪いからそのままにしてきた、と言うんですよ。いつだ、と聞くと、十日頃のことだと言う。しまった、もう生きとらんかもしれんなあ、と思ったが、とにかく行ってみようとカメラを持って、生徒二、三人と急いで行ってみました。やはり、死んでいまして、キンバエがたかってウジがわいていました。とにかく写真だけを撮って、ウジを払い落し、高良先生に教わったやり方で測定をしてみました。鼻の先から尾の付け根までが六十三センチ、尾の長さが二十五センチありました。学校に持って帰り、皮をはいで胃の中を調べたところ、鳥の羽とカニが入っていました。毛色は、黒褐色のぼけたような色で、肩から胸にかけて豹(ひょう)付紋がついていました。家猫よりは一倍半くらい大きくて、足も長くてがっしりとした感じでしたね。皮は早速、高良先生の所に送りましたが、骨は砂地に埋めてあります」

という親富祖さんの話は、私に大きな希望を抱かせた。

「ヤマネコがいる、こんなもんだそうだ――」

というような話をいくらしても、学問の世界では何の価値もない。やはり、証拠となる

猪猟師の家に吊されていた猪の下アゴの骨

べきものを突きつけなければ、学会では認めてくれないのだ。
親富祖さんの話で、少なくとも一体分のヤマネコと呼ばれる野獣の骨と皮だけは、手の届く所にあることがわかった。しかし、その骨と皮も、琉球大学の高良博士の所有物と言ってもよかった。入手した親富祖さんは、そう考えている。何とかして骨と皮とを東京へ持ち帰って、私が所属している日本哺乳動物学会に提出して、多くの権威者たちに調べてもらいたいと、私は考えた。
しかし、高良博士の研究資料ときまっているものを、いくら欲しいからといって、持っていくわけにはいかない。
私は、新聞記者時代の大半を科学記者で通した。大学や研究所が持受で、多くの学者連中とも付き合っていたから、学者気質というものもある程度知っていた。学者たちは、ある場合には偏狭とも思えるほどに秘密主義をとり、自己の集めた資料を公開しない。それだけでなく、他人が研究しようとするのを邪魔することさえあった。だから、学会では、師弟関係でもない限り、お前の資料を貸してくれなどというぶしつけな申し入れは、気違い沙汰だと言われても仕方がない。私は、別の資料を手に入れなければならないかなと考えていた。

そこへ、東若さんがやってきた。そこで、私は、ヤマネコの毛皮や頭骨が手に入らないだろうかと尋ねた。

「西表島の人は、ヤママヤをとると、すぐに皮ごと焼いて持ってくるんです。そして、汁にして食べる。それでなかったら捨ててしまいますからね。まあ、ちょっと無理でしょうなあ」

東若さんの返事は、私をがっかりさせてしまった。山田武男（やまだたけお）さんは、五年ほど前に犬をけしかけてとったことが二回ありました。そのまま投げ捨ててきましたが、しかし、もう五年経ってますから、そこへ言っても見つからないでしょうなあ、と、これまた、悲観的な材料を提供した。

「祖納の野底広一（のすくこういち）さんが、最近、一頭とったと聞いたが、食べちまったかもしれませんねえ」

と、親富祖さんが言う。

「そういえば、千立部落、ウマタの東江嘉助（あがりえかすけ）さんの所では、一晩にニワトリ二十羽全部を食い殺されたといってカンカンになっていたから、罠でとったかもしれませんよ」

と、今度は金城（かなぐすく）担当員が言った。

「イナバの真謝当助（まじゃとうすけ）さん所でもやられて、二人がかりでなぐり殺したとかいっていましたっけ」

と、舟浮担当員も言った。どの話も、私に多少希望を持たせてくれたが、同時に、どれも頼りない話ばかりであった。

ついに頭骨と毛皮を得る

翌日、親富祖、東若さんたちの案内で、私は崎山廃村からパイタ川に沿って、ヌバン崎の山地を探索した。ここが、この辺ではヤマネコの多く見られる地域だということだった。崎山に人間が生活していた頃作られた山道は、もうまったく、雑草に覆われていた。うす暗いジャングルを、おぼつかない足取りで歩いていると、黒ずんだまだ新しいフンが落ちていた。棒の先でつついてみると、毛が混じっている。俗に毛糞（ふん）というやつで、肉食獣のものだ。この島には、キツネも猫もテンも野生犬もいないから、こんな糞をするのヤマネコに違いない。私は大声で、前に行く東若さんを呼んだ。東若さんは糞を調べて、

「間違いないですよ。これは、昨日か、今日したやつですなあ」

と鑑定した。私はわくわくしながら毛糞をビニールの袋に納めた。調べてみればヤマネコの食性が解るに違いない。

山での収穫はヤマネコの糞を二カ所で収集（しゅうしゅう）したことだけだった。やはり棲息（せいそく）しているのだ。糞についての面白い発見は、ヤマネコたちが見晴らしのいい岩の上で用を足したがるという習性であった。あとから拾った糞は、草原の中に孤立した岩の一ばん高い所にあった。飼猫なら隠れて用を足し、土をかけて証拠隠滅を計るところだが、ヤマネコはさすがに大らかなもので、垂れっ放しらしい。この辺は彼らにとって恐ろしいカンムリワシもいる。それなのに、こんな見つけられやすい岩の上でするとは……やっぱりきっと夜間に出てきて用を足すに違いない。

雨になった。私たちは、ほうほうの体で網取部落にかけ戻った。守礼の翁が、心配そうに出迎えて、雨風が強くなるとラジオで言っていたそうですが……と言う。私たちは、もう一晩ここにお世話になって、この辺りをもっとよく探索するつもりだったが、明日になると荒れるとあれば、多少の危険を冒してでも今日中に祖納にたどり着いておかなければならないと思った。

祖納から石垣に行く連絡船も、あさっての朝には出帆することになっていたし、それに乗り遅れようものなら、私の沖縄での滞在期限が大幅に切れる。私はとうとう思いあまって、親富祖さんに、ヤマネコの骨を掘り出して欲しいと頼んだ。もう、皮も骨もこれから探し出すことは困難に違いない。私はこの骨を、高良博士のもとに持参して、心臓強く、借り受けの交渉をしてみようと決心した。彼にすがるしか方法はないのだ。

ヤマネコの骨は、学校の裏の川原に埋めてあった。親富祖さんと中学三年生の生徒数名が、雨の中で発掘してくれた。一カ月前のヤマネコはまだ完全に白骨化しておらず、ひどい腐敗臭を漂わせていた。ようやく頭蓋骨だけが洗い出された。あとの骨は、まだ、どろどろの腐肉が付いていてだめだと言う。頭骨だけでもいい。私は、親富祖さんが綿にくるんで入れてくれたパインの空きかんを、まるで、宝石箱のように大事に手に握って、黒島さんとサバニに乗った。

すでに風が強くなりはじめていた。浜の白砂は、風に飛んでいた。ネズミ色の雲が低く走り、遥かかなたのリーフでは、しきりと風が吠えていた。

「一艘では、転覆したときに危ない。だれか付いていってやれ」

浜まで送りに出てきた守礼の翁が言った。言下に、山田武男さんと網取担当区の松田さんとが舟を出した。こんな荒天の日に船を出すのは、だれだっていやだ。それをすぐにやってくれた。私は感激した。サバ崎は、はたしてひどい荒れ方で、波はドドドッと船におどり込み、しじゅう水をかき出さねばならなかった。エンジンは、たびたび故障してとまり、大うねりのたびにひやひやさせられた。白浜にたどり着いたとき、私は、下着までずぶぬれになっていることに、はじめて気がついた。

網取部落から帰ってくる船の中で、ずっと考え続けていたことは、野底さんが最近とったというヤマネコが、どう処分されたかということだった。上陸するなり、ぬれねずみの黒島さんをせっついて、野底さんの家に連れて行ってもらった。ちょうどいい按配に、野底さんは山から戻ってきた所だった。

「まだ一カ月にならんなあ。祖納のミダラ橋の所で、シシ罠でとったんだが、よう肥えていて十キンぐらいの目方があったなあ。ワイヤーが首にかかっていたので死んじまってたが、まだ体はぬくかったよ」

と、野底さんは言った。しかし、今の私にとっては、そんな話はどうでもよかったのだ。骨は？　皮は？　と、私はせきこんで尋ねた。骨は肉と一緒に煮て近所の人と食べたから、ないと、野底さんは言った。やっぱり……と、私はがっかりしてしまった。しかし、皮は三線に張ろうと思って、とってあるという返事だったので、私は嬉しさでとび上がった。黒島さん、この人に皮を売ってくれるように交渉してくださいと、尻をつついた。

「せっかく、三線にと思うていなさるところをまことにすまんことですが……」

と温厚な黒島さんが、おずおずときりだすのももどかしくて、ぜひ買ってくださいよと、何べんも念を押した。野底さんは、「いいですよ、あげますと、あんなもの」といとも簡単に答えてから、さあて、あれはどこにしまったかな、一週間ほど前まで表にぶら下げていたが、この頃見えんようじゃと、人の気も知らずにひどくがっかりさせることを言う。

夜になって、野底さんがふらりと宿にやって来た。だめじゃった、山の人か犬かが持っていってしまったんだな、一日中探したがみつからんのだよお、と言った。今度こそは大丈夫だと最後の望みをそれにかけていただけに、私は眼の前が暗くなった思いであった。

ひどく落胆した様子に、野底さんも気の毒になったんだろう。今度見える時までには必ずとっておくからよう、あんたさえよければ、雨があがったら二、三日一緒に山回りしてもいいがねえ、となぐさめてくれたが、私の心は晴れなかった。ヤマネコに対する私の執念は、営林署の担当員諸君にもようやく理解されて、みんなで手分けして情報を集めてくれた。

風浪のために連絡船が二日ほど欠航したこともこの場合、私には大助かりだった。私たちの追い込みはすさまじかった。そして、連絡船がいよいよ明日の朝出帆するという前の晩、遅くなってから、黒島さんと担当区の人たちが、雨にぬれてやって来て、イナバ部落にいる兼久(がねく)治良(じろう)君が皮を持っているそうです。知り合いだからもらいましょうと、知らせてくれた。しかし、地図で見るとイナバは浦内川の上流の部落である。今となってはもう遅い。ひと船のばすか、あとから送ってもらうしかないなと思案していると、舟浮くんが、

ついに手に入れたヤマネコの頭骨

「夜があけかかったら、私がオートバイでとってきてあげましょう」

と言ってくれた。私は、感謝した。彼一人には任せられない。私も行きますと言うと、あそこは道が悪いから、オートバイの後に乗せては走れません。皮をとったらまっすぐ船着場に持って行きますから、支度をして浜へ出ていてくださいと、彼は言った。私は、雨がこれ以上降らないことを神に祈った。夜の明け方、オートバイの爆音が西のほうから近づいて、旅館の前を通りすぎて東へ沿っていくのを聞いた。私は、おねがいします、と心の中で叫んだ。

心打たれた高良博士の学者的良心

こうして私は、イナバから手に入れた毛皮と、網取の頭骨とを持って、再び高良博士を琉球大学に訪れたのであった。高良さんの所には、私の留守中に親富祖さんから届けられた毛皮が、きれいになめされて保存してあった。

私たちは、二枚の毛皮を比較してみた。イナバと網取とでは地理的に言ってかなりの距離があった。そして、猫たちは、犬やイノシシのように遠くへ移動する習性がないにもかかわらず、二枚の毛皮の特徴はぴったりと一致していた。耳の先端部が丸みを帯びていることや、耳の裏の毛に白い斑が入っていることや、全身に見られる豹紋が野生獣であることをはっきりと示していた。

「ヤマネコに間違いないようだ」

私と高良さんとは、顔を見合わせた。とすると、このヤマネコはどこの系統であろうか？ 従来、学会で認められている日本産ヤマネコは、対馬に棲息(せいそく)するツシマヤマネコだけだから、あるいは、その系統であろうか？　高良さんはそう考えたようであった。私は、地理

ヤマネコの骨をもらってサバニで帰る

的に見て、西表島は台湾に近いのでタイワンヤマネコの系統ではなかろうかと思った。

しかし、いずれにしても、沖縄の西表島にヤマネコがいたということは学会では知られていないのだから、これが正真正銘のヤマネコだとすれば、どの系統に属したとしても新しい発見であることに間違いない。そう考えてくると、どうしてもこの頭骨を東京へ持っていきたかった。どういうふうに高良さんにきりだしたらいいかなと、私は長いことためらっていた。すると、その時、高良さんのほうから、

「あなた、この皮と頭骨とを、東京へ持っていって調べてみませんか」

と、言い出した。えっ、と私はびっくりした。高良さんは、

「この大学は戦後に発足したばかりですから、比較して調

べようにも、研究しようにも、資料も研究書も十分でないんですよ。ですから、この頭骨や私の毛皮も、あなたのと一緒に持っていって、東京でしかるべき方たちに検討してもらってください。研究材料は多いほどいいのだから、研究がすんだら返してもらえばいいのですからね、おねがいしますよ」

学問のために、小さな功名心などさらりと捨てた高良さんの学者的良心を、私は尊敬した。

ところで、そうなってみると、私は急に責任が重くなったのを感じた。せっかく持参したものの、学会で検討した結果、もしもこれがヤマネコでなくて、飼猫の野生化したものだとしたらどうなるのだろう。専門家でない私は笑われてことがすむかもしれない。しかし、高良博士の場合は琉球大学動物学教室主任教授としての肩書きを傷つけることになりはしないだろうか。そう思案すると、新たな不安が湧き上がってきた。もっとよく調べなくて大丈夫か？

しかし、沖縄では検討する材料がないと言う。矢はすでに、弦を離れているのだ。私は、国立科学博物館の動物室主任で、学会で知り合っている今泉吉典（いまいずみよしのり）博士に、航空便で日本哺乳動物学会として検討してもらいたいと連絡をした。私は骨と皮を持って一目散に東京

ジャングルの中の古い墓

へ帰りたかった。だが、私は徳川夢声氏と共に琉球新報社主催の講演をしなければならなかった。そのため二日滞在した。夢声さんは、私がヤマネコの骨と糞を持ってきたことを聞いて、

「ヤマネコの糞を集めて来たんですってえ。猫のフンを集める趣味があなたにはあったんですかあ。いや、これは大へんなご執心なことで……」

と笑った。そして夢声さんは、これがほんとうのヤマネコであったらいいですね、そうであることを望みますよ、と言ってくれた。私の話を聞いて、琉球新報では、小さな記事として扱った。それには、ヤマネコ発見できず、という見出しで、私が生きたヤマネコを見つけることはできなかったが、それでも皮と頭蓋骨と、糞とを持って帰ってきたということが報じてあっ

た。そして、私の談話が載っていた。それに私はこういうことを言っている。

『はっきりとは言えないが、西表島のヤマネコは、南米大陸に生息する、ある種のヤマネコと同類と思う。このヤマネコは、世界的にも西表島だけに住む珍しいものかもしれない。とにかく、帰って学会で鑑定してもらって、珍しいものときめれば、天然記念物にまでもっていきたい』と。

これは三月六日付けの新聞なので、もちろん、この猫の鑑定をする前に、私が言った言葉なのだが、どうしても南米大陸に生息するある種のヤマネコと同類だと思う、というようなことを言ったのか、今となってはどうも思い出せないが、偶然とはいえ結果的には一致していたことは面白いと思う。

日本哺乳動物学会で新発見と認められる

私が西表島から持参したヤマネコの頭骨と毛皮を中心に、ヤマネコか野良猫かを決定する日本哺乳動物学会特別例会は三月十四日の午後、上野国立科学博物館で開催され、会長の黒田長礼博士以下、哺乳動物特に猫族研究の権威者たちが集まった。新聞記者やカメラマンもオブザーバーとして出席した。

二十数名の熱心な動物学者の鋭い眼が、私の持参した資料に注がれ、熱を帯びた耳が私の報告に傾けられた。検討は四時間余にわたって慎重に行われた。私は胸をはずませて決定を待った。法廷に立ったことはないが、判決を下される前の被告も、同じ心境ではなかろうかと考えた。窓の外に闇がはいより、館の内外のざわめきもとだえた。その頃になって、

『山猫に間違いなく、どの系統に属するかは今後の研究を待たなければならないが、タイワンヤマネコやツシマヤマネコ、チョウセンヤマネコともまた違った未知の種類のものと思われる』

という結論が打ち出された。そして、今後は今泉博士が主任となって究明することになった。私は、かなりの自信は持っていたもののやはり、ぼう然となった。嬉しさがこみ上げたのは、しばらく経ってからであった。私はすぐに高良教授に電報を打った。

翌日の新聞は、この新発見を大きく報道した。毎日新聞は、西表島に新種の山猫、とい

う見出しで次のように報道している。

『日本の南端、琉球諸島の秘境西表島に、世界に知られていない種類のヤマネコが生息していることを、動物作家戸川幸夫氏が発見した。日本哺乳動物学会は、十四日国立科学博物館で、特別例会を開き、ヤマネコの皮二頭分と頭骨一箇その他の資料を検討した結果、すばらしい発見だ。もし、まったくの新種であることが確認されれば、今世紀のベストテンに入る動物学界のビッグニュースとの折り紙を付けた』

との書き出しで、私が持ち帰った頭骨と皮を、黒田長礼博士以下の専門家が調べた結果、『黒田博士が、山猫に間違いなく、しかも知られていない種である。新種であるか、亜種であるかについては、さらに他の標本を集めて研究しようという結論を下した』と報じ、『今泉博士の話によると（一）尾が短い。（二）頭骨が大きい。（三）模様の色が濃く、斑点が多い。（四）頭部の縞模様の本数が五、六本あり、多い、というのがこの日わかった特徴。これは対馬のツシマヤマネコ、チョウセンヤマネコあるいはツシマヤマネコの斑種であるタイワンヤマネコと較べても、斑点の中に白い丸がないという点で、はっきり違うという。

ヤマネコぐらいの大型ほ乳類で、亜種を含み、未知の種が発見されるのは珍しく、新種は世界的にも例が少ない。今世紀で有名なのは、一九〇〇（明治三十三）年のオカピ（アフリカ、キリンの祖先と見られる）発見など三つの新種の発見が挙げられる程度。日本では、明治末期からは小型獣で五、六種の新種がみつかっただけである』と報道した。このニュースはラジオ、テレビをはじめ、週刊誌や雑誌などもとりあげたので、私は多くの人々から、お祝いの言葉をのべられた。

この成功を、まるで自分のことのように喜んでくれたのは、私の恩師である法医学の古(ふる)畑種基(はたたねもと)博士と宮良高夫君だった。宮良君は、このあとの取材がうまくいくようにと、多くの後援者を作ってくれた。

ところで学会は、二十世紀の奇蹟として称賛してくれたとはいうものの、疑惑の目がないわけではなかった。哺乳学会会員の中には、これは突然変異的な奇形の猫ではないだろうかという疑問を持つ人がいた。また別の会員は、ずっと昔に船乗りなどが外国のヤマネコを持ってきて離したのではないかとも言った。

たった一箇の頭蓋骨だけを見て、新種だと決断を下すのは、慎重を欠いているのではなかろうかと忠告する学者もいた。また、ある新聞記者は、これがライオンかトラのような大きな猛獣の発見ならともかく、たかがヤマネコぐらいで大騒ぎしすぎるんじゃないかとも言った。

宮良君はそれを聞いて、ひどく憤慨をした。学問の価値というのはそんなもんじゃない。ライオンだってヤマネコだって、新発見の価値には変りはないんだ。ライオンならびっくりするというやつは、学問とサーカスを混同してるんだと、一緒に酒を飲んだときに彼は酔って罵倒した。

琉球大学に届けられたイリオモテヤマネコの皮＝1965年２月16日付琉球新報

私は罵倒する気はないが、同じように考える。西表島にヤマネコがいたということは、単に新種の猫がいたということだけではないのだ。沖縄本島にも石垣島にも、宮古島にもいないヤマネコが、なぜ西表島にだけ生息しているのか。なぜ、台湾と近いのに、タイワンヤマネコとは別種なのか。そういった謎をあたえてくれているのだ。それをほり下げることによって、沖縄列島の成因まで探ることができる。台湾と琉球とが、かなり早い時代に分離されていたに違いないという推定もできる。どうしてそんな種がそこに存在しているかということは大きな問題なのである、と思う。

「イリオモテヤマネコ」正式名称となる

今泉博士の研究は着々と進んだ。そして、昭和四十年の四月十五日の毎日新聞は、西表島のヤマネコが全くの新種であったことを、次のように報道している。

『琉球諸島の最南端西表島でみつかった未知の種類のヤマネコは、その後、今泉吉典博士（国立科学博物館動物研究部長、日本哺乳動物学会理事長）らの調査で、これまで知られていたどの猫類とも同属関係にない、まったくの新種と解った。イリオモテヤマネコ（仮称）というわけで、世界的にみても、ここ数十年、例のまれな貴重な発見である。発見者の動物作家・戸川幸夫氏と、琉球大学動物学主任教授高良鉄夫博士の二人は、国際承認のモデルになるタイプ標本をつかまえるために、この夏に同島に渡り共同調査を行う。

仮称、イリオモテヤマネコの存在は、同島の動物調査を行った戸川幸夫氏が、頭骨と毛皮を本土に持ちかえり、日本哺乳動物学会に提出して明らかになった。今泉博士は、はじめは最も近縁とみられるツシマヤマネコ（ベンガル山猫の一亜種）との比較を主に研究したが、一見、ヤマネコ類に似ていながら、いろんな点で基本的な相違点があるのに気づいた。イリオモテヤマネコは、ツシマヤマネコに較べると外見上も毛色が暗い上に、斑紋が小さくて数が多く、尾が短かい等の特徴があり、決定的に異なるという。

学芸

ヤマネコ探検記

西表島に住んでいた新種?

戸川幸夫

戸川幸夫氏

高良博士の話から

ヤマネコの骨を発掘

戸川氏が執筆した「ヤマネコ探検記」＝1965年３月23日付琉球新報

種の特徴を決定する最大の要素である頭骨の主な相違点は、（一）鼻骨が短く広い。（二）牙の間隔

琉球新報

こうして新種を発見 西表島のヤマネコ

高良氏の努力実る

戸川氏ら六月に再調査へ

イリオモテヤマネコの発見を報じる＝1965年４月21日付琉球新報

が広く、口全体が幅広くて、噛む力が強そうである。（三）中、内耳器官のいれものである鼓胞が小さく後頭部の小突起（後頭旁突起）と分離している。（四）上あごの翼状骨間窩の前縁がクサビ形にとがっているなどで、特にあとの二点は、ヤマネコ亜種として異常であるだけでなく、属より上位の分類で、ネコ亜科のどの種にも当てはまらない特徴である。

　鼓胞が小さいというのは、耳全体の機能が未発達であるということを示しており、この点からイリオモテヤマネコが原生の山猫類の祖先に近いきわめて原始的な種と見られる。今泉博士の話によると、

「ネコ類は第三期末に地上に現れた比較的新しい種類で、化石の発見例が少なく、化石動物との比較はむずかしいが、このネコは原始的な段階にとどまったもの

であることには間違いない。たぶん、西表島が早い時期に大陸から分離し、取り残された環境にあったので、種が分化しないで現在まで保存されてきたのではないだろうか」と説明している。

このため、同博士は現生のネコ、ヤマネコの分類に含まれていない顕著な新種として、従来のヤマネコ亜種と呼ぶ別の亜種をネコ亜科に新設することにきめ、五月一日の日本哺乳動物学会例会に報告することになった。

ウサギ以上の大型獣で、属を新設するほどの新種が発見されたのは一九〇〇年代に入ってからは、オカピ、モリイノシシの例が挙げられる程度。有名なのはマウンテンゴリラなど、ほかに十数種の例があるが、学問的な価値から評価すれば、この発見は第三位にランクされるという。日本では、アマミノクロウサギが生きた化石動物として有名だが、これは米国人が発見したもの。日本人が発見し、新種と確定したのは今度がはじめてである。

この発見が国際的に認められるためには、万国命名規約による手続きが必要で、骨の全部と毛皮が完備したタイプ標本を作り、学会に発表すると共に、研究論文を各国に発送しなければならないという。また西表島の特徴から、イノシシやネズミ類などでも、この島特産の珍しい動物がいる見込みは強く、とりあえず、戸川氏個人が再度渡島し、高良博士と共にことし七月頃、猫を探すことになった。（中略）山猫亜属には四つの基本になる基種が解っており、世界中に現存するヤマネコ約三十種はいずれもこの種の地方差による変型（亜種）とされている』

このヤマネコが新属、新種であるということが解ってみると、当然新しい学名を付けなければならなくなった。ある日、今泉博士から私の所へ電話がかかってきた。このネコに命名するにあたって、発見者である私の名前をとって、トガワヤマネコと付けたいのだがという話だった。これには、私はすっかり恐縮してしまって、私の名前を付けることだけはかんべんして欲しいと言った。

今泉博士は、それが私の遠慮であると思われたのか、発見された動物や植物に発見者の名前を付けることは、学界では通例になっているから、少しもさし支えないじゃありませんかといわれた。しかし、このヤマネコが発見されるに当たっては高良博士の示唆が大きくものをいっている。また、この研究についても、高良博士は好意的に資料を提供されている。それだけではなかった。八重山営林署の方や、琉球政府の方や多くの人たちに、この発見に協力してもらっていることを考えると、このネコに私個人の名前を付けるということはできなかった。

　私は今泉博士にツシマヤマネコの例もあることだから、やはり産地の名前をとって、むしろ、イリオモテヤマネコと付けられたらどうでしょうかと進言した。そんなことから私は高良博士に手紙を送り、今泉博士と私との間では、イリオモテヤマネコと命名してはどうであろうかという意見がまとまったのだが、博士の見解も伺わせて欲しいと言ってやった。

　折り返し、高良博士からも返事がきて、非常に賛成であるということで、ここではじめてこの新属、新種のヤマネコに対して、イリオモテヤマネコという和名、そして学名は研究者の名をとって、マヤイルルス・イリオモテンシス・イマイズミ（Mayailurus.iriomotensis.imaizumi）という名が付けられた。マヤイルルスというのは、マヤは沖縄語のネコを現わすマヤであり、イルルスはギリシャ語のネコということである。つまり、ネコという言葉が二つ重なるのだが、それはこういった場合には、別に問題にならない。マヤイルルス・イリオモテンシスと言えば、もうイリオモテヤマネコの学名となるのである。

　今泉博士の研究で、その後はっきりしたことは、このヤマネコは旧世界のどこのヤマネコにも属しておらず、むしろ、南米のヤマネコに類似している点が多いということである。なぜだろうか？　南米のヤマネコは、ヤマネコ仲間のうちでも、かなり原始型である。それと似ているということは、西表島のヤマネコが原始型だということだろう。ネコが地球上に姿を現わして、早い時に琉球列島は大陸から分離した。西表島を除くアジアのヤマネコ族たちは、その後、環境の変化で進化していったが、西表島のものは、ほとんど昔のまま残った。それで原始型を保ち、南米産のものと類似しているのではないか。それだとすると、イリオモテヤマネコは、地球上にネコが現われた頃の原始型をとどめているものとして、学問上、おおいに研究する価値があると今泉博士は推論している。

ただ、私にとって痛かったのは、一箇の頭骨しか入手できなかったということであった。間違いないと信じていても、反ばくすべき材料がないのだ。奇形かもしれない、突然変異かもしれない。そんなあやふやなことで、国際承認を求めて、もし間違っていたらどうするのか、もっと慎重にすべきではないかと言われれば、黙りこむしかなかった。新種の動物として世界の学界から認めてもらう――つまり、国際承認を受けるには、少なくとも一体分の完全な毛皮と全身骨格が揃っていなければならなかった。

私は、私が持参した一箇の頭骨が、けっして奇形の猫のものではないことを証明し、かつ、この猫を国際承認に持ち込むために、さらに完全な標本を少なくとも、もう一、二体蒐集する必要を感じた。私がそのことを宮良君に相談すると、彼は諸手(もろて)をあげて賛成し、激励してくれた。彼は私の渡航続きなどについて、いろいろ助言してくれた。

書類を都庁に出し終ったのは四月二十二日で、春も半ばを過ぎたというのに、妙に肌寒い日であった。ほっとした気持ちで私は、宮良君にビールでも飲まないかと誘った。いつもなら、二つ返事で承知するはずの酒好きの彼が、きょうはこれから帰って池に金網を張るのだと言った。

「せっかく入れた金魚を、近所のネコがきてとって仕方がないんだ。君はネコを追っかけるが、僕は追っ払うほうでなあ。あさっての土曜日に飲もうや」

と、彼は赤い顔をして笑った。なんとなく飲みたい日であったが、一人で飲むのもつまらないから、私はそのまま家に帰った。夕食をすませてテレビを見ていると、毎日新聞社から電話がかかってきた。宮良君が急死したという知らせだった。

「そんなばかな……。つい三時間ばかり前まで一緒だったんだよ」

私は電話口でどなるように叫んだ。相手は、家に帰りついてからのことですよと告げた。その声には、けっして冗談だと思えない響きがあった。私はすぐに宮良君の家にとんでいった。突然訪れた死に、彼の死顔はまるで眠っているように平和だった。死因は脳溢血だった。ぶりかえした寒さの中で、うつむいて金網張りをやっていたのが、彼の死期を早めたのだろう。私は腕をもがれたようだった。宮良の馬鹿野郎、なんだって死にやがったんだ。今度、西表島に行って帰ってきても張り合いがねえじゃねえか、と私は心の中で泣きながら何度もくりかえした。彼の葬式は、中一日おいて、一緒に飲もうと約束した土曜日に行われた。宮良、見てくれよ、必ず成功させてみせるからなあ、と私は亡き友の写真に誓った。

第2章

確認のための調査行

——ヤマネコを探して太古のままのジャングル深く分け入ったが、惜しいところで生け捕りを逸すること——

雨雲に覆われた西表島

日琉合同ヤマネコ調査隊を結成す

私が沖縄に再渡航したのは、その年の五月二十八日であった。今度は高良教授と共同でヤマネコ調査をすることになった。私が渡航の申請をしているときに、高良博士から手紙がきて、ヤマネコの生け捕りも計画していますとあった。高良博士のほうでは生け捕り用の箱罠(わな)を作らせるというので、私はネコをおびき寄せるためのマタタビを探すことにした。

ところが、季節的に言って、マタタビの実はこの頃はなかった。東大植物学教室の野津良知博士に電話をすると、実ほどのいちじるしい効果はないが、茎や葉でも効めがありますから探してあげましょうという返事であった。そして、わざわざ雨の中を、高尾山までマタタビ採集に行ってくれた。また、私がマタタビを探していることを耳にして、乾燥したものだがよく効きますからと、種を一袋送ってくれた読者もいた。

私の今度の西表島旅行の目的は、前回で果たせなかった島の調査をやりとげると同時に、新しく発見したイリオモテヤマネコを、国際承認に持ち込むために完全なる標本を集めることであった。そのため私は、国立科学博物館の嘱託になった。一方、高良博士は西表島の生物、主としてヤマネコと中御神島（ナカノオンシマ）の海鳥群を調査するために琉球政府文化財保護委員会から派遣されることになっていた。したがって、私たちの調査は、日琉合同という形になっていた。

私たちがほんとうに収集（しゅうしゅう）したいのは、ヤマネコの生息地域、食性、推定生息数に役立つデータや、毛皮、骨格標本などであって、生け捕りのほうはできたらしようという程度であった。生け捕りができればするにこしたことはないが、これまでの例からいっても、ヤマネコは年に一頭か二〜三年に一頭しか罠にかかっていない。しかも、罠（わな）を何百も仕掛けた上でのことである。ということは、私たちが一カ月やそこらの期間に十や二十の罠を仕掛けたとしても、うまくいくかどうかわからないということであった。

しかし、一応の努力はしなければならない。万が一ということもある。そのために、私はマタタビを東京から持参したし、高良さんは生け捕り用の箱罠を設計したのだが、最初からこのほうはあまり期待していなかった。こう言うとはなはだ無責任のようだが、やむをえないことなのだ。ところが、ヤマネコの標本収集というよりは生け捕りといったほうが一般にはアピールするので、新聞やラジオやテレビは、しきりと私たちのヤマネコ捕獲作戦を宣伝し、記者やカメラマンを随行させることになった。

私が那覇に着いたとき、沖縄はまだ雨期であった。飛行場で私は高良さんの姿を探したが見当たらなかった。迎えに来てくれた琉球新報社の親泊一郎君に尋ねると、けさ、お父さんが亡くなられたのだと言う。私はびっくりして、その足で弔問に行った。高良さんは私の顔を見るなり言った。葬儀のために一週間ほど遅れるが必ず参加しますからね、と。高良さんが遅れることになったので、私は今回も案内役を引き受けてくれた黒島さんと共に、ひと足さきに石垣島に行くことにした。そして、高良さんの到着まですべての準備を整えておくことにした。

石垣島でも私たちのことは大へんな評判になっていて、島の新聞社が、ジャンジャン書きたてたので、町を歩いていると、見知らぬ人からよく声をかけられた。ヤマネコはうまくつかまりますかね……と。ヤマネコについての言い伝えだの、噂や目撃談や捕獲上の注意など、それも信用のできるものもできないものも、ひっくるめて、教えにきてくれる人が毎日のようにあった。ぜひ、うちに寄ってお茶を飲んでいってくださいと言う人や、マタタビとはどんなものですか、見せてくださいという人、さまざまだった。しかし、島の人たちは非常に親切で心からヤマネコが生け捕りできるといいですね、と言ってくれた。箱罠は、黒島さんが知り合いの家具屋に作らせた。この主人もほかの仕事を一時中止して、私たちに協力してくれた。

マタタビという植物は、沖縄にはない。したがって、ネコにマタタビという諺もない。那覇空港に着いたときに私が、ネコの大好物のマタタビを持ってきたということを話したら、ある新聞記者が、それはどんなネズミですか？　と質問したことがあった。ネコが夢中になるのだから、きっと、ネズミだろうと思ったのである。沖縄の植物の権威である黒島寛松さんも、話には聞いているが、マタタビは見たことがないと言った。私は、彼に野津博士が採集してくれたマタタビの枝と、ファンから送られた種を少し分けてやった。

西表島の浦内川は千古の謎を秘めてゆったりと蛇行している

「きっと、こちらでも栽培できるでしょう。これに似た植物はこちらにもありますから……。枝は早速、さし木にしてふやしてみましょう」

と、黒島さんは大喜びであった。

私たちが石垣島に渡って二日あと、糸満の爬竜船（ハーリー）競漕が海岸で行われた。年間を通じて糸満漁夫の最大の行事だと言われるこのお祭りは、長崎の飛竜船（ペーロン）競漕に似ていて、その日は町中を挙げて大賑わいとなる。飛竜船競漕も、もともと南方から渡ってきたものというから、爬竜船競漕と出どころは同じかもしれない。八重山では「ハーリーの鐘が鳴ったら、雨期があがる」と、言い伝えられている。その日は、すばらしい快晴に恵まれていたので、私は、なるほど諺どおりに雨期はあがりかけているのだ、と思った。

高良さんが日本テレビの森口カメラマンと、福原さんという観光映画のカメラマンを連れてやってきたのは翌日だった。石垣島からは、沖縄タイムスの新川記者と、八重山毎日の石垣記者が同行することになり、一行七人は次の日の連絡船に乗り込んだ。高良博士と黒島さんは、十日ほどしか滞在できないというので、調査は十日間ごとに第一次、第二次、というふうに分けてすることにした。第一次は高良博士と共同で西表島西部地区を、第二次は私が単独で東部から南部地区を、そして第三次も私が単独で中央部を探索することにした。ここでは欲張ったプランは禁物で、移動に無駄な時間をかけないように、集中的に調査することが必要だった。

水牛車を使って第一次調査に出発

私たちはまず祖納に上陸して、まるま旅館に旅装を解き、そこを基地とした。ここは、この前来たときに、踊りの見物の留守番をさせられた宿で、ご主人は石垣島の喜舎場さんのあとを受けて、この時はこの町の測候所長になっていた。担当区の金城君、舟浮君、那根君らがすぐにやってきてくれた。

そこでまず、西部地区ではどこに調査のポイントをおくかについて、一同して作戦会議を開くことになった。この前、毛皮をくれた兼久さんと、今度おいでになった時は山へ案内しましょうと約束をくれた野底さんに来てもらおうと私が言うと、金城君が、

「野底さんは、先月急病で亡くなりましたよ」

と言った。あんなに元気だったのに……と私はびっくりした。人の命のもろさというものをつくづく感じた。

兼久さんに連絡をしてみると、今、山に入っていて連絡がつかないというので、干立から東浜（ありはま）さんに来てもらった。東浜さんもイノシシの罠（わな）掛けの達人で、山畑で仕事をしている時、ヤマネコが子を探しているのにぶつかったなどと話してくれた。

私たちは、まず西表島最大の川である浦内川に目標をおいた。生け捕り用の箱罠の一つをこの川の上流に仕掛けることにした。生け捕りの方法としては、ニワトリの肉を餌にして吊し、それをくわえてひっぱったら落し戸が落ちるようになっている箱罠と、イノシシ

用の撥ね罠、それに釣針を使った罠の三種類を用いることにした。

マタタビはヤマネコを罠のところまで誘いこむためのものであった。一応試しておく必要があるというので、宿の庭でマタタビの実を焼いてみた。紫色の煙が雨にぬれた地面低くはって流れた。すると、たちまち効果があって、しばらく待っているとゴロゴロとのどを鳴らした飼猫たちが二匹やってきた。

「このとおりうまくいくといいが……」

と私たちは話し合い、前祝いにと石垣島から持参したウイスキーで乾杯をした。夜明け方、軒をたたく雨の音に眼がさめた。困ったなあ、雨だ、と思った。高良博士も気になったとみえて、蚊帳から出て障子をあける。どうです？　と声を掛けると、

「何とかなるでしょう。とにかく行くことにしましょうや」

ことしの雨期は長引きそうだという予報が出ているそうで、爬竜船競漕の鐘の音も効果がないらしい。

明るくなってきたので、とにかく起きた。幸いに雨は止んでいた。嬉しくなって表に出てみると、玄関の所に三メートル以上もあるような蛇が置いてあった。私たちが動物採集

に来たというので、村の人たちが夕べ遅くから山からとってきてくれたのだそうだが、残念なことに肝心の頭がくだけて、無い。

「サキシマスジオですよ、方言ではサキシマトカラともサキシマニシキヘビとも言いますよ」

と、高良博士が説明しながら、肛門の付近を指で押すと、角のようなものが二本、にゅっと飛び出した。

「ペニスです、よくヘビの足だ、などとまちがえられる。ヘビに足を見つけたなんて騒いでいるのは、このペニスのことですが」

高良博士が、さらに力を入れて押すと、ピューッと濁った液がほとばしって私の足の甲にぐちゃっとひっかかった。精液だった。昔からヘビの夢を見ると、幸運に恵まれると言う。夢ではなく、実物に出合って、しかもホルモンまでひっかけられたのだから、これは大幸運にぶつかるはずですね、と、笑い話をしていると、黒島さんが植物採取用の大きなドーランを下げてやってきた。

朝飯をすませた頃、頼んでおいた水牛の車と人夫二人がやってきた。ヤマネコ捕獲用の箱罠（わな）は、厚い松の材料で、高さ、奥行共に一メートル、左右に鉄格子のはまった頑丈なも

箱罠を水牛車に積んで出発する

ので、これならヒョウを入れてもびくともしないだろうと思えるほどのものだった。それだけに、四人で担がなければ運べないほどに重い。それを、水牛の車に積んで八時過ぎに出発した。

干立部落には、この日の案内役の兼久さんが一人の青年と待っていた。干立からイナバへの道の前半はマングローブ地帯で、道の両側にはヒルギ林が続いていた。水牛の車がギシギシと重い音を立てて行くと、トントンミーとこの辺で呼ばれているキノボリウオが、あわてふためいて、ヒルギの枝からジャンプをして、川の面に波紋をつくった。

この辺は道といわず、道路脇の沼沢といわず、所かまわずオキナワアナジャコが穴をあけてかき出した泥で、水牛の糞のような塚を作っている。

私は水牛の車の上に乗って、そこから写真を撮っていたが、この塚に絶えず車輪が乗り上げるので、左右に激しく揺れ、うっかりすると放り出されそうになる。

三十分ほどしてようやくマングローブ地帯を抜けてたんぼ道を過ぎると、ナタ山の山道だった。そこまで来た時、兼久さんが手を挙げて地面を指した。ヤママヤの糞ですよと言う。車から飛び下りてみると、たしかにこの前と同じような糞が二つほど、道の真ん中に転がっていた。

やはり、大空からまるみえの所で、しかも土をかけた様子もない。棒を拾って突き崩してみると、ネズミの大腿骨らしいのが毛と共に出てきた。さらに出発。いよいよ大きな坂にさしかかってきた。水牛の車には重い檻のほかに、カメラだのいろんな機材、それに私とカメラマンが乗っているのだが、水牛は平気で、ぐんぐん、ぐんぐん登っていく。その馬力の強さには驚いた。なるほど、これでは和牛は駆逐されるわけだと思った。乗用車とダンプカーぐらいの違いがある。

午前十一時半、イナバ部落に着いた。部落というから、家が立ち並んでいるのかと思ったら、二、三百メートルおきくらいにポツン、ポツンと開拓農家があるだけだった。戸数

ヤマネコの糞を調べる。写真を撮る高良博士、のぞき込む黒島さん

十二戸、人口五十五人という小さな村である。

牛車が入れるのは、村の入り口までであった。この前、雨の中をこの奥まで私のためにオートバイでヤマネコの毛皮を取りに行ってくれた舟浮君に、改めて感謝した。大へんな悪路なのである。

ここからサバニに乗ることになっていた。サバニは二艘でやってきた。私たちはそれに分乗して浦内川をさかのぼった。新川記者の説明によると、浦内川にもワニが住んでいた形跡があるということだった。八〇年ほど前のことだが、川に大きなボーナチ（トカゲという方言）がいて、田畑に通うためにマングローブの中を近道して歩く人をさらって食べたという。

そのためにここでは川を渡る時には、まず犬を先に行かせてから渡るようになったということだった。網取でもワニを殺したという言い伝えがある。同じ伝説が浦内、網取、仲間と広がって言い伝えられたものか、あるいは実際にこの島には何度もワニが流れついて、生息をしていたものなのか、もっとよく調べてみないと何とも言えないが、この島がいろいろな謎を秘めた島であるということだけは、はっきり言える。

船は支流のカシク川に入り、三十メートルほどさかのぼった後で、罠(わな)を仕掛ける目的地のウムトモリの山麓に着いた。ここで檻をおろすのがまた大へんな仕事だった。もちろん、船着場などがなかった。ジャングルが水辺まで茂っている。担当区の人がまず、川に飛込んで、山刀をふるって水中に張出している根の切除作業にとりかかった。次に船から三メートルほど高い崖に檻を引き上げるのだから、ロープでひっぱったり、丸太で押し上げたりで、この作業に二時間ほどかかってしまった。檻を引き上げた所で、昼めしにした。

この辺りは、もうマングローブ地帯ではなくて、ガジュマル、ヘゴ、サキシマスオウ、アコウ、ビロウ、クロトン、タカワラビなどが密生し、それにツルアダン、ヒメツルアダン、イリオモテシャミセンヅルなどがからみついていた。クワズイモ、イリオモテラン、

イナバ集落で一服する

オオタニワタリなどもある。ニッパヤシ、サキシマヤシ、ソテツなども、これらに混じって生えていて、茂みの中に入ると夕暮れのようにうす暗い。

道はかつてはあったのだろうが、今はそれらしいものもない。山刀を持った担当員諸君が、木やつる草などを切り払いながら道を作ってくれた。そのあとを四人の若い者が檻をかついだ。山の急斜面は、洪水に洗い流されていて、ごつごつした岩が露出している。さすがに、山男たちも十メートル登っては休み、五メートル上っては息をついた。

やっとの思いで、頂上近くの平地に檻を置いた。そこは、ヤマネコがよく出没する所だそうだった。撥ね罠や、釣り針罠も仕掛けた。私はマタタビの実を取りだして焼いた。マタタビには揮発性のマタタビ酸が含まれている。これがネコ科動物の感能を妙にしげきするらしい。

つまり、ネコ族にとっては媚薬というわけで、トラでも、ライオンでもマタタビを与えると、よだれを垂らして他愛なくなってしまう。うまくマタタビを焼く匂いをかぎつけて、近寄ってくればしめたものだが、煙の行方を見まもったが、なにしろ深い山なのだ。一面のジャングル、どこにいるかわからないヤマネコの鼻に果たしてこの煙が届くであろうか。

夕方、水牛の車を待たせておいた所まで戻ってくると、イノシシが二頭とれたと言って大騒ぎをしていた。早速、博物館の標本用に一体分の骨と頭を二つ買って、ついでに今晩のおかずにと、足を一本求めて宿に帰った。一風呂あびて疲れをとり、一同してシシ鍋に舌つづみを打つ。原始旅行の楽しさは、こんなところにあるのかもしれない。

夕食が終ると、早速翌日の作戦会議に入る。

「明日は艦もなくて身軽ですから、祖納から船を出して、少々海が荒れますがウナリ崎を回って浦内川本流を上ってカンビレーの滝、マリウドの滝付近をさがしたらどうですか」

と、黒島さんがプランを出した。一同参謀長の意見に賛成した。

ネコを探してジャングルに入る

次の日、金城君に代って那根君が参加、一行は十一人であった。浦内川の河口に海賊キッドの宝と呼ばれている島がある。本当の名前はアトク島というのだが、海賊キッドはここに宝をかくしていたという伝説から、キッドの島と言われている。きのう罠（わな）を仕掛けたウムトモリを左手に眺めて、私たちは本流をどこまでもさかのぼって行った。密林はまったく静かだった。二艘（そう）のサバニがたてるポンポン、ポンポンと軽快なエンジンの音だけが、ゆったりと流れる川面に響く。少し行くと川幅がぐっと狭くなって、岩が多くなったと思ったら、そこが終点だった。

もうこれから先は船はのぼれないのだ。巨岩があって、その名を軍艦岩と言う。たしかに戦艦のようにどっしりとした岩だった。そこへ船をつないで私たちは、細い道づたいに奥へ進んで行った。カンビレー、マリウドの滝は西表島の名勝になっているので、ここへは人びとがやってくるとみえて、歩きよい小道がついている。岩壁を廻った所で突然にワシが飛びたった。向こうも驚いただろうが、こっちも驚いた。カンムリワシだった。

またこのへんには、日本カメレオンといわれる、キノボリトカゲが多かった。木の幹や草の上などの、いる場所によって体の色を変えるトカゲであった。カンビレーの滝の岩場で私たちは、ヤマネコの糞（ふん）をたくさんみつけた。ここが彼らの水飲み場兼遊び場になっているのだろう。そこで、その付近の林の中、数カ所に罠（わな）を仕掛けた。

宿に帰ってみると、ちょうどラジオが今年の雨期が記録破りだと報じていた。こんなにいつまでも雨期が上らないことは、石垣島測候所開設以来だという。しかしこちらとしては、そんなもんかなあと感心してはいられない。翌日は風向きがいいので、高良博士が中御神島に行くという。私も高良さんに同行することにした。中御神島は西表島の南西約十五キロの洋上に浮かぶ無人島で、海鳥の繁殖地として、尖閣列島と共に知られていた。

島からの帰りに私と高良博士と黒島さんの三人は網取で船を降りた。白浜から積み込んだもう一つの檻（おり）を、ウダラ川のジャングルに仕掛けるためであった。私たちは再び守礼の翁の家にご厄介になった。報道班員の諸君たちは本社に記事を送るために祖納まで帰って、明朝ふたたび出なおしてくるという。ご苦労様だなあ、と私は思った。私にも経験がある。この苦労は新聞記者や、ニュースカメラマンでないと解らないだろう。特派員という華やかな名声の陰には、こうした苦労は絶えずつきまとうものなのだ。

翌日も小雨だった。毎日毎日が雨、雨、雨。いつになったら、からりと晴れるんだい、とどなってやりたい。実に暑い。むし暑い。じいっとしても全身の皮膚から汗が吹き出す。外を歩いていると、雨でぬれる前に肌から吹き出した汗のためにグッショリとなってしまう。その日の朝、黒島氏に電話連絡が来た。奥さんが発病をしたということである。黒島氏は急いで那覇へ帰ることになった。優秀な案内人

カンピレーの滝の付近。ここにネコが多く多数のふんを見つけた

に去られては心細いがやむをえない。

午前中に罠を仕掛けて戻った。そこへ報道班の連中がやってきたので、午後は崎山へ行くことにした。東若さんの犬が途中のジャングルでイノシシを追い出した。高良博士はグンバエムシの新種を発見した。私はヤマガメ三匹をつかまえた。このカメは、水の入らないジャングルに住む、陸性の珍しいカメである。網取部落に前にいた娘さんの姿が見えないので、都会にでも行ったのかと守礼の翁に尋ねたら、風土病のために亡くなったと云う。守礼の翁は、親がなげいて、死ぬ前に一度は都会へ連れて行ってやりたかった、お嫁に行かせたかったと言っていたと話してくれた。

第一次調査の最後の日を、私たちはウダラ川から南海岸の鹿川廃村にかけて歩き回った。この一帯のジャングルはものすごかった。出発を前にして私たちは、体の露出した部分に防虫クリームなどをコテコテと塗りまくった。ジャングルには猛毒のハブのほかに、サソリや毒グモがいる。ハブには血清注射という手はあるが、この毒グモには救助手段がなく、咬まれると発熱して、もだえ死にすると言われている。木の葉などに付いていて、ハエトリグモほどの小さなクモだという。ヤマダニ、ヤマビル、ブヨ、ヤブ蚊もうようよ

カンビレーの滝での記念撮影。前列左から福原カメラマン、新川記者。後方左から森口カメラマン、石垣記者、私、高良博士、１人おいて黒島氏

していた。私たちは東若さんの愛犬のホシを先頭に、ウダラ川のマングローブ地帯からジャングルへともぐり込んだ。

ジャングルの中はものすごい湿気で、カメラに詰めたフィルムは、たとえ無駄だと思ってもパッパッパッと撮り終えないと、すぐにベトベトにくっついて回転をしなくなる。ふと、前を歩いている新川記者を見ると、足がまっかに血に染まっている。見ると、ヤマビルが太くなってぶら下がっているのだ。ヤマビルは、木の枝や草の葉に、ラッシュ時のホームのように押し合い、へし合いした形で待っていて、人間が近づくと急に細長く伸びてぺたっとくっつく。ブヨは霧のように顔の周りにまつわり着く。

突然ホシがけたたましく吠えた。さてはヤマネコかと、かけて行くと、可愛いウリンボ（子供のイノシシ）を押さえつけていた。このウリンボは、私がもらって東京へもってきて、池袋の西武デパートの屋上動物園で飼育してもらっているが、もう今ではずいぶん大きくなった。

　ようやくの思いでジャングルを抜けると、今度は大草原だった。草は私たちの背丈よりも高いから、一度入り込むとまったく見えなくなる。前を行く者の草のそよぎだけが頼りだった。

「気をつけろよー。ここらにはハブがいるぞー」

と先頭の者が叫ぶ。ハブがいるとわかっていてそこを通るのは気味が悪い。だがそこを通らないと出られないのだから仕方がない。このジャングル道は、まったく悪戦苦闘そのものだった。やっと頂上に登り、風光明媚（めいび）な鹿川湾を望んだときは、ほっとしたが、同時に、帰りにもう一度あの道を戻らなければならないのかと思うと、泣き出したくなった。

大原中学校から骨をもらう

石垣島で、那覇へ帰る高良、黒島両氏や、新聞社の連中を見送ったあと、私は二日ほど休養のため石垣島にいた。そして、第二次調査に必要な物品の購入や整備にかかった。その時、石垣島で開墾事業をやっている新田さんが、ネズミ取りに入った大きなハブを持ってきてくれた。新田さんは、琉球新報社の東京支社にいる新田卓磨次長のお父さんである。この前に来た時に、ハブかオオコウモリが手に入ったらつかまえておいて欲しいと頼んでおいたからで、開墾中にハブが出てきたんで早速持ってきましたということだった。石垣島や西表島にいるのは、ハブの仲間でもサキシマハブと言って沖縄本島のものよりは小型だが、このハブは特に大きくて、本島のハブ並みであった。試しに手を出してみると、すぐ、咬打姿勢をとって鎌首をもたげる。沖縄の人はハブというと、非常に恐れてきらうので、旅館に預かっておいてくれというわけにもいかない。私は、これを西表島に持っていくことにした。

私にはもう一つ、珍妙な持参品があった。それは那覇で仕入れたアメリカ美女のヌード・

トランプである。五十三枚の裏側にいろんなポーズをした悩ましい裸女が刷りこんである例のやつである。この二品にはそれぞれ用途があった。ハブは言うまでもなくネズミたちから私を守るためのボディーガードであった。トランプは、最も良き理解者である八重山営林署の若い独身諸君のために慰めとするものであった。

東海岸大原へは、単独で渡った。背中に大きなリュック、両手にカメラケース、標本を入れるためのブリキの罐だのハブの籠を持って、うんうん言いながら坂道を歩いていると、

「ヤマネコ探しですか。ごくろうさまですなあ」

と、見知らぬ人が半分荷物を持ってくれた。営林署に着いて砂川署長代理にトランプを渡すと、一同回覧させたあとで、

「このトランプは貴重品だから、保管はわしがする。貸し出しは一人一枚、記録の上貸し出すことにする」

と、私の前でおごそかに言い渡した。はて、トランプというものは五十三枚揃ってはじめて役に立つものだとおもっていたが、そういった常識はこの場合ぜんぜん通用しないようだった。まあ、それ以上の用途があれば、はなはだ結構だと思った。

例の宿屋に着いて、荷物を置いて体の汗を拭いていると、しばらくして顔見知りの比屋根署長がオートバイでやってきた。

「さあ、これから大原中学校にまいりましょう。後ろに乗ってください」

と言う。オートバイに乗って仲間川にかかったアメリカ橋を渡った。来るときは海のようだった河口がもう干あがって、泥土が現れている。干満の激しさがはっきりとわかった。空を見上げると雲が消えて青空が現れはじめていた。やっと雨期も終ったらしい。正面が大富部落、大富にあってなぜ大原中学というのか……部落の左手に、おそらく島で一ばん立派だといわれる洋式の建物がある。聞くと、中学の生徒寄宿舎だと言う。先生の寄宿舎はまだできていないから、先生があれに入りたがって困るんですよ、と署長さんは笑った。

大原中学を私がたずねる目的は、ここに保存されているヤマネコの皮と骨とをもらい受けるためだった。そのヤマネコは、この五月に同中学校の生徒が捕まえたのだ。石垣信良校長に事情を述べて、国立科学博物館に寄贈してもらいたいと頼み込むと、石垣校長は、関係教職員を集めて相談をしていたが、日琉の学界に役立つというのなら、喜んでお譲りいたしましょうと言ってくれた。私はそれを聞いて、とび上るほど嬉しかった。

今度の旅行でも第一次調査の間は、私もたしかに雰囲気に巻きこまれていて、ネコの生け捕りに夢中になっていた。一人になって冷静に考えてみると、まだ肝心の標本が一つも手に入っていない。私は最大の目標を見失っていることに気がつき、不安と焦燥で、このところよく眠れなかった。ここで完全な標本が手に入ったと思うと、肩にのしかかっていた重圧が、いっぺんに吹っとんだように思われた。

このヤマネコがどのようにして発見され、どのようにして捕えられたかを私は、解剖した島袋憲一、撮影した饒波文子、山崎隆男の三教諭から聞いた。それによるとこうであった。

五月五日のことであった。大原中学校では南風見田海岸に遠足に行った。この海岸は南風見廃村よりずっと先のほうにあって、めったに人が行かない所だった。それだけに美しい貝殻がいっぱい散らばっている海岸であって、イノシシやヤマネコもちょいちょいと姿を見せる所だった。

弁当を開くときに、生徒の二、三人が水を飲みたくなったので、海岸まで迫っているジャングルの小川に行った。すると、そこに一匹のヤマネコがうずくまっていた。ヤマネコはどうしたわけか、逃げようとせず、近づく生徒たちに向かって、牙をむいてうなって

大原中学校の生徒たちがヤマネコの骨探しに協力してくれた

抵抗する様子を示した。そこで、生徒たちは棒や石で追っかけると、ヤマネコはすぐそばの奥行一メートル半ぐらいの岩穴に逃げこんだ。生徒の一人から知らせを受けた先生たちも、ヤマネコがお前らにつかまるはずがないと、半信半疑でかけつけた。穴の口からのぞいてみると、なるほど、ヤマネコらしいものがうなっている。そこで首に紐を引っかけて、ひきずり出してみると、うなって牙はむき出したが、もう抵抗する力もないほどに弱っていた。

すでに、日本哺乳動物学会で西表島のヤマネコは、新属新種の大発見であると発表したあとで、そのことは直ちに沖縄にも報道され、先生たちは知っていたので、このヤマネコを何とか飼ってみたいと考えた。そこで急いであり合わせの木で檻を作ったが、弱りきっていたヤマネコは死んでしまった。よく見ると、腰の所に直径六センチほどの突ききずの穴があいて、ハエが群がっていた。先生たちはこのヤマネコは、イノシシの子をとろうとして、親シシにでも牙でつつかれたのだろうと言っていた。ヤマネコがウリンボと言われる頃の赤ちゃんのイノシシなら襲うことがあると、土地の人は言っている。

普通の者なら、死んだヤマネコなど捨ててくるところだが、さすが学校の先生たちだったから、標本にしようと考えて持ち帰った。皮はなめし方が解らないので、生皮のままホルマリンの液につけ、肉の付いた体は骨をとるために、木箱に砂を入れて、そこへ埋めてあるという。これなら完全な標本が得られるに違いないと私は思った。

石垣校長以下生徒たちが私に力を貸してくれた。肉はまだ完全にとれていなくて、ひどい腐敗臭が鼻をしびれさせた。しかし、みんな熱心に協力してくれた。猫の門歯だの爪だのは小さいので、拾いこぼしがないように私たちは何度も何度も、砂をなぜ水で洗った。私が気になったのは頭の骨だった。最初砂の中から頭骨が現われた時、それを持って私は水汲み場に走った。私は、合格者の発表をみる受験者のように、緊張して頭骨を水でそっ

南風見田で捕えられた時のイリオモテヤマネコ。饒波教諭が撮影したもので、イリオモテヤマネコの生きている写真はこれが最初のものだ

と洗った。砂と腐肉とが私の指の間からさらさらとこぼれていくと、頭蓋骨の特徴があぶり出しの絵のように現れてきた。合った、と私は思わず叫んだ。イリオモテヤマネコの特徴が……そして、ここのヤマネコ以外世界中どこのヤマネコも持ち合わせていない幾つかの特徴が、私の掌で光っていた。前回、東京に持ち帰った頭骨と大小の違いこそあれ、特徴はまぎれもなくぴったりと一致していた。やはり奇形なんかじゃなかった。新属、新種のヤマネコだったのだ。私は一人で頭骨を眺めてぶつぶつとつぶやき、にやにやと笑った。それを見ておかしかったのだろう。女生徒たちがワァッと笑った。

宿に戻ると、私はすぐに皮と骨とを塩漬けにした。せっかく手に入れた貴重品を、ここの獰猛（どうもう）なネズミどもにさらわれてはたまるものではない。塩漬けにして、ビニールの袋に入れた宝物をブリキ罐（かん）に入れ、その上にハブの籠をのっけた。こんどのハブは生きている。こうしておけば、いくら貧欲なネズミでも、しのびこめまい。ハブさん、たのんまっせ、と、とんだボディーガードに手を合わせた。

砕けた子猫の頭蓋骨を持ち帰る

豆台風が接近をしているという知らせがあった。天気のくずれないうちにと、翌日は比屋根署長とトラックで由布に行くことにした。ここでもヤマネコの子が捕えられていて、しばらく飼ってあったと聞きこんだからであった。長雨のために通路は至る所で決壊し、トラックで行ってもぐちゃぐちゃ道はひどい難行だった。昼近くなって、やっと由布小学校に到着した。

由布は、面積九町歩ばかりの小島で、干潮のときには、歩いて対岸の西表島に渡れる。

海抜二メートルという低い島で、昔から蚊もハエもいない健康地で、過去二十年間に人が死んだことがないという。だから、ここの子供に、死ということを教えるのに苦労すると、校長先生は話していた。この辺はタコが多い。村の人はクワを持ってタコをとりに行くという。田を耕すようにクワを使うと、一時間に七、八十匹のタコがとれるそうだ。ここの小学校の運動会の呼びものはタコとり競走で、ヨーイ・ドンで海に向かって走って行き、一匹つかんで戻ってくる。その記録タイムは四十秒だということであった。

さて、肝心のヤマネコの子のことについて尋ねると、校長先生は

「ああ、ここの小浜廉勝さんが、この五月に野底岬の自分の山畑に出かけて、農具小屋に入ってみたら、一斗罐(かん)の中に子ネコが眠っていてなあ。きっと、親にはぐれて雨にぬれたもんで入りこんでいたんでしょうなあ。小浜さんがつれて戻って、飯などやったが、とうとう食べずに死んでしもうた。そこで海に投げたが、また、浜に流れ着いてなあ。それを子供たちが砂浜に埋めてお墓を作ってやったそうですが……」

と話してくれた。私は、校長先生に頼み、学童たちを集めて埋めた場所に案内してもらった。ところで、さて浜へ行ってみると、どこも同じような砂浜で、目印に立てた棒も、い

つの間にかなくなってしまっている。残念ながら、入手できないかなあと思っていたら、あっちこっちを子供たちが探して掘っていたら、あった、と一人が叫んだ。そこで用心しながら掘り出してみると、まだ生後一、二カ月の子ネコだったが、骨が現われた。

ただ、残念なことには、子ネコだったために頭蓋骨がもろく、いくつにも砕けていた。こわれた頭骨では仕方がないと私は考えたが、しかし、うまくつなぎ合せれば復元できるんじゃないかとも思った。こわれた頭骨の一片をとり上げてみると、ヤマネコの特徴は歴然として残っているようである。まあ、復元できるか、できないかは別として、せっかく子供たちが掘ってくれたのだから持ち帰ることにしようと考えて、私はブリキ罐(かん)に砂と一緒にそれらの骨を入れて持ち帰った。

この判断は正しかったと思う。何となれば後に、この壊れた頭蓋骨は今泉博士の手によって、きれいに復元されたからであった、しかも、この子ネコの頭骨が成獣の頭骨とまったく一致していたことから、このネコが地球上に現われてからほとんど進化していないということが、確認されたからである。

校長先生をはじめ、一同に礼をのべて帰ろうとしたら、あっ、ちょっと、と、校長さんが私を呼び止めて、別のヤマネコの皮を少し持っていますが、さしあげましょうと言った。その皮は、きれいになめしてあって、一頭の皮を四つに分割した一片で、見るとトラ毛であった。私が東京へ持って行ったヤマネコの皮とは、だいぶ違い、この大きさを四つ合わせたとしたら、かなり大きい。これは？　と尋ねると、

「この島のヤマヤには二種類ありましてね。一つはこの骨の小さい方のネコで、もう一つがこの皮の大きいほうのネコです。小さいのは暗褐色に豹紋があって尾が短い。飼いネコの一倍半くらいのものですが、このトラ毛のほうは、大きいのになると犬ぐらいあって、どう猛だと言います。尾も長いんです。」

　その話は前にも聞いていた。しかし、実物を見せられたのは今度がはじめてだった。しかし、その皮の四分の一の広さだけでは、はたしてこれがヤマネコであるかどうか、判断がつかない。私にも、まだ疑問が残った。犬ほどもあるトラ毛のオオヤマネコが、この島に生息しているなんて、ほんとうだろうか？　しかし、皮の大きさから見ても、野生化したトラネコではないように思えた。

　宿に戻っておかみさんから鍋と七輪を借りて骨を煮て、腐った肉をとった。臭い作業だ

が、やむをえない。この宿に泊ってる人たちにすまないなあとびくびくしながらやってると、近所の子供たちが集まってきて、口ぐちに、ヤマネコ先生きょうも骨煮てんのかあ、くせーなあ、と、鼻をつまんだりして、こちらの痛いところを突いた。

トラ毛のオオヤマネコは果たしているのか

私は、由布の小学校長がくれた、大きなヤマネコの皮のことが気になって仕方がなかった。次の日、鍾乳洞を調べに行って、夕方宿に戻ってくると、比屋根営林署長が、具志堅(ぐしけん)幸男(ゆきお)という人を連れてきた。そして、この人が今年の二月には大きいトラ毛のネコを、三月には小さい豹紋のほうのヤマネコをとったそうですよと、紹介してくれた。具志堅さんは、

「私たちも尾の長いトラ毛のほうをヤマママヤ、尾の短い豹紋のほうをピンギマヤと言っていますが、すると、小さいほうもやっぱりヤマママヤだったんですか」

と、私の説明にびっくりしたように言った。彼はこれまでに何度も両方のヤマネコをとっていると言った。今年(昭和四十年)とったのは、そのまま道端に捨ててきたから、まだ

そこにあるでしょう、と言う。トラ毛の尾の長いネコの骨はまだ私の手に入っていない。ぜひとも、これをものにしたいと考えた。

翌日、私は具志堅さんのオートバイの後ろにまたがって、彼が捨てたという南風見から西一キロ、俗にナイルと言われる山地に走った。南風見田から南風見にかけての草原は、西表島でもイノシシの一ばん多い所である。したがってヤマネコも多いのだろう。途中で小型のほうのヤマネコの骨を拾った。青く苔むしていた。私はもう今では大きいトラ毛のほうの骨をぜひとも、手に入れたかった。ところが残念ことに、具志堅さんが捨てたというあたりは、一面の水浸しになっていた。ついこの間の大雨で洪水が起こり、山道も川岸もえぐりとられていた。骨はむろん、なくなっていた。私は泣くに泣けない思いだった。

トラ毛のオオヤマネコ（?）の存在については、最初のうち、私は笑っていた。村人たちの話は、いわゆる、幽霊見たり枯尾花といったものであろうと考えていた。しかし、具志堅さんの話を聞いているうちに、想像上の動物だと一笑にふしてしまう危険さに気付いた。

私が発見したイリオモテヤマネコだって、なにも、高良博士や私が最初の聞きこみ者ではないのだ。西表島には早くから日米の学術調査団が来ているし、夏になると日本の各大学から研究員たちもやってきている。それらの人びとの多くは土地の人たちの語ったヤマネコの話を耳にしていたに違いない。それなのに今日まで問題にされなかったのは、だれしもがおちいるところの、まさか、という錯覚なのだ。

私たちにもやはり最初は、まさかと思い、次にその、まさかに疑問を持った。それが新発見の鍵となったのである。まぼろしの何かを、まぼろしのままで放っておかなかったところに幸運が訪れたと思う。同じ人間の私がオオヤマネコの話になると、またもや、まさかで見逃そうとしているのではないか。私は自分のおろかさに気付いてびっくりした。学問はもっと謙虚でなければならない。

具志堅さんはナイルで殺したトラ毛のオオヤマネコを途中まで持ち帰ったが、重いのと臭いので川岸に捨てたと言っている。その屍は白骨化して十日ほど前まではそこにあったという。せめて頭骨でも、いや、頭骨がだめなら、足の一本でもよいと私はそこら中を探したが、降り続いた雨の洪水が、完全に消し去ってしまったのだ。

ただ具志堅さんが、おおよその寸法を計ってくれていたのが大助かりだった。肩の高さは大人の膝くらい、尾の長さは六〇センチ、体長は飼い猫の二倍はあった。トラ毛で豹紋はなく、縞模様はみどりがかって光るような感じだったという。

この島にはいたるところに鍾乳洞がある

が手に入れたヤマネコとはぜんぜん違い、生息地域も御座岳に近い山岳地帯や、古見岳付近のほうだと言う。私は新しく浮かび上ってきた、このトラ毛のオオヤマネコを、もっとつっこんで探ってみようと決意した。

第三次調査も私の単独行だった。この頃になって、私は、私が連れ歩いているハブが、かなり私に馴れてきたのに気づいた。最初のうちは、箱の蓋さへ開けばすぐに咬打姿勢をとったハブが、この頃では素直に首をよせて、網越しにペロペロと舌を出すのだ。私は彼に毎朝コップで水をかけて元気づけてやっていた。そこで彼も私を歓迎とまではいかないが、敵視しなくなったのだろうと思う。金網越しに体にさわっても怒らない。ヘビのことだから、もちろん馴れるといっても犬のように馴れるわけではない。ただ、彼が敵愾(てきがい)心を持たなくなった。あるいは恐怖心を持たなくなったということ——つまり、咬打姿勢をとらず、体にさわっても怒らなくなったという態度は、馴れたといってもいいのではないだろうか。

さて、私はいったん石垣島に帰り、再び西表島への船待ちをしていたが、小台風の接近で連絡船は出ないということだった。思案していると、八重山開発事務所の平良さんが、会社の島幸丸が出ますので、これに乗って渡りませんかと誘ってくれた。島幸丸は五百トンの鉄船だから、かなりの風波には耐えられる。これがほんとうに〝渡りに船〟というやつだった。

島幸丸は白浜に着いた。事務所の高橋所長や山川次長は、旅館に行くことはないでしょう、よろしかったら、寮にお泊まりなさいと親切に言ってくれた。またしても私は、その

ナイルと呼ばれる草原台地にはイノシシが多い

言葉に甘えることにした。そして、同社が今、山林伐採をして林道造りをやっているというのでその現場を見に行った。

この会社は十条製紙の子会社で、琉球政府との間にこの島の国有林一万八千ヘクタールを伐採、造林する契約を結んでいる。しかし、何よりも重大なことは、道路が今開きつつある林道が、将来はこの島の東西を貫通する主要産業道路となるであろうということだ。開かれた道路は、山の尾根をうねうねと走っている。登っていても、よくまあこのジャングルをきり開いて、こんなトラック道をつくったものだと思った。案内した平良さんは、

「電気ノコの音が激しいので、もうこの辺にはヤマネコはいませんよ」

と気の毒そうに言った。寮に戻ると夕食の時に、山川

次長が、この対岸の山に大きなやつがいるらしいです。この間の晩は発情期なのか、よう鳴いておりましたが、気味の悪い声でしたなあ、と話してくれた。

翌日は、ここの営林担当区の真謝孫建君、祖納担当区の金城君と、それに平良さんの三人で、仲間川からクイラ川へとさかのぼってマングローブ地帯を探した。一週間前、フトモモの実を取りにこの密林に入った船浮部落の青年が、トラ毛のヤマネコにおどろかされて、まっさおになって逃げ帰ったという話を聞きこんだからだったが、再び豪雨は沛然と来たり、ずぶぬれとなって寮にかけこんだ。

その翌日は、金城君、真謝孫建君とサバニで網取りに行った。この前に仕掛けておいた罠の結果を見るためだった。浦内川沿岸のウムトモリやカンビレーの滝に仕掛けた罠は金城君の報告によると失敗のようだった。ヤマネコがみつける前にどんよくなカラスやヤマアリのために、一日で餌はむしりとられてしまったのだ。やはり、生き餌を使うべきだったと話し合ったが、もう後の祭りだった。網取部落でも同様だった。ただ一つ、崎山廃村の入口に仕掛けてあった親富祖さんの手製の檻には、生きたウサギが入れてあったので、これをヤマネコが狙った。

浦内川の上流

「残念なことに、箱が少しばかり小さかったもんで、ネコのやつがウサギだけ、かっぱらって逃げましたよ。落し戸が、どうも猫の腰あたりにぶつかったらしくて、数本の毛が、戸にからみついていました」

と、親富祖さんが悔しそうに報告した。右を向いても、左を見ても残念な話ばかりである。東若力三さんが愛犬ホシを連れてきたので、もう一辺ウダラ川のマングローブをうろついた。

私は調査旅行の時は、どこへ行くにもハンティング用のゴム長をはくが、ここでは特に調子がよかった。マングローブの泥土は、ズブズブとぬかるからだ。満潮には水底になるが、干潮では泥土をさらけ出している。マングローブには、キノボリウオや、カニが多い。ヤマネコはそれを食べに来ると、東若さんが言う。普通のネコは、ぬれるのをひどく嫌がるが、さすがにヤマネコだ。マングローブを平気で歩くらしい。

ホシが、突然に緊張した。何か見つけたなと、みんなでかけ寄ってみると、泥土の上に、ついたった今歩いたと思われるヤマネコの大きな足あとが、てんてんと付いていた。つい今しがたというのは、足あとのくぼみに、まだ水が流れこんでたまっていないからだった。爪のあとも、はっきりついていた。

きっと、私たちの近づく気配に驚いて逃げたのだろう。足あとは、水の中に走りこみ、対岸のジャングルへと消えていた。私たちは、ホシに追わせてみたが、もうだめだった。

ウダラ川のマングローブの中で発見したヤマネコの足跡

私の第三次調査はこれで終わった。私の西表島の滞在日数は四十日に達しようとしており、時日は、もうこれ以上かけられなかった。トラ毛のオオヤマネコの標本は得られなかったが、しかし、私はある程度の確信を持つことができた。東若さんや古見の老人や由布の校長なども、具志堅さんと口を合わせて大きなネコはいると言っている。現に具志堅さんは射殺して、大よそではあるが体長も計っている。まんざら作り話とは思えないのだ。私は機会をみて、もう一度この島を訪れようと思った。

第3章 ヤマヤがやってくる

——懸賞金つきで捕まえたヤマネコの引き取りに横槍が入るが、各方面の協力で科学博物館行きが決定し、東京に来ること——

ヤマネコの生け捕りに懸賞金をつける

負け惜しみではないが、イリオモテヤマネコが生け捕りにできなかったことについて、私はがっかりはしなかった。というのは、西表島のジャングルの中に棲息しているこのネコの数はそんなに多いとは思えなかったし、罠や銃によって、これまでとられた数も一年に一頭か二頭、とれない時は二年に一頭か三年に一頭という割合であった。

東若さんや、兼久さんらに聞いてみると、彼らが撥ね罠をかけるときは一週間がかりぐらいで、二、三百は仕かけるということだった。一つの山から沢にかけて、これだけの数を仕かけるというのだから、わかりやすく言えば港湾の近くに敷設した機雷原のようなもので、うっかり歩くと、どこかで引っかかるようになっている。私も兼久さんが罠を仕かけるのを傍で見ていたが、獣の通った足跡を見つけると、そのまわりに六つぐらいの罠をかけていた。

「こうしないと獲れないんですよ。イノシシだって、なかなか敏感だから怪しいと思ったらそこを通りません。いつも通る道に異常を認めたら道を変えようとします。そこで先回りをしてそこへもかけておくと別の罠にひっかかるのです」

一本がピーンと撥ねるとイノシシはびっくりして逃げようとして、別の罠にかかるのだと彼は言った。

とにかく、そんなふうだから簡単に捕獲できるとは考えていなかった。しかし、長期戦でじっくり構えれば、必ず捕まえることができると信じていた。

高良博士の一行が沖縄本島へ引き上げる時、私は高良さんに
「とにかく、捕獲は一朝一夕というわけにはいかんでしょう。島の人々の協力を得るしかないと思いますよ。だから懸賞金をつけて、捕まえた人から買い上げるということにしたらどうでしょうか?」

と相談した。高良さんはいいでしょう、と言った。私はイリオモテヤマネコが生きたままで捕まえられたら一頭につき二百ドルぐらいは払わなければならないだろうと考えていた。が、高良さんは、

「生捕ったら三十ドルもやりますか……」と言った。日本本土から考えると(この当時は)沖縄の物価はずっと安かった。

私たちが石垣島にやってきた時、島の知名士たちの主催で歓迎会が催されたが、私たちを会場に案内するためにやってきた大浜用立さんが「今日の会費は二ドルですから、御馳走がうんと出ますよ」

と言ったのをおぼえている。当時、東京で芸者の入る料亭で宴会をするといえば一人あたり三千円から五千円の会費はとられたであろうから、沖縄はずっと安かったのである。

「三十ドルでいいですかね?」

「十分すぎるくらいでしょう。西表島の開拓民なんて、月に二、三ドルで生活してるんですからね。あまりやり過ぎてもいけません」

高良さんは、とにかく後のことはよろしく……と言って帰って行った。

私は、まず島の人々にイリオモテヤマネコがいかに貴重な存在であるかを十分に認識させる必要があると思った。とにかく焼いて食べることをやめさせなければならない。那覇で発行している琉球新報や沖縄タイムス、それに石垣島で出している八重山毎日新聞では、イリオモテヤマネコの発見以来、大々的に扱ってくれ、今度も特派員を随行させるというほどの熱の入れ方だったし、テレビやラジオもしきりと報道をしていたが、弱ったことに肝心の西表島にはこれが通じないという悩みがあった。

新聞は数日遅れで船便のあるたびに西表島に送られてきたが、部数は少なく、住民の多くの眼には触れなかった。トランジスター・ラジオはなく、島での送電時間は午後の六時から十時までと決まっていたから、その時間しかラジオも聞かれない。しかも、ヤマネコと一番接触のあるような開拓農家には電燈線が引かれていないので、これらの一軒一軒に通達するのは大変困難であった。島の人たちに知らせて協力を求める――と口では簡単に言えるが、実際にどうやってそれを行うか、ということになると私はハタと行き詰まってしまった。

私は八重山毎日の村山秀雄社長に相談をした。

「やはり町役場や営林署などを動員するしかないでしょうなあ……」

と村山さんは言った。村山社長の好意で、私は彼の新聞にイリオモテヤマネコの捕獲協力を求めているという記事広告を出してもらった。その新聞が刷り上ると、私は村山社長と共に、増刷してもらった新聞をもって竹富町役場を訪れた。

西表島と竹富島、その他の周辺の小島が一緒になって竹富町を形成しているが、役場は通信などの便宜上、石垣市に置かれてあった。私は村山社長の紹介で白保町長に面会し、イリオモテヤマネコがいまや学会の大きな問題になっている事情を話して、捕獲の協力を求めた。

「ヤマネコのことは聞いていました。あの島にそんな貴重なネコがいたとは知りませんでした。で、協力といいますとどうしたらいいんですか？」

と白保町長が言った。私は、この新聞を西表島の各町村の掲示板に貼り出して下さればいいのです、と一包みの新聞をどさりと提出した。関係記事のところに、私は赤筆で印をつけておいた。

「そんなことならお安いことです」

と町長は承知して
「私の方からもガリ版刷りで通達書を出しておきましょう」

と言ってくれた。

私は大原にある八重山営林署の比屋根署長にも、その新聞を送り、各担当区の人に徹底させてほしいと手紙を書いた。また西表島の各小・中学校にも新聞と手紙を送って、児童

町の雑貨屋の店先が告知板の役目を果たしてくれた

や生徒を通じて各家庭に熟知させてもらうことにした。大浜用立さんは製糖会社や開発会社に連絡をとってくれたし、大浜信光さんも島の学校長に手紙を出してくれた。

あとは開拓民が二カ月に一度か、三カ月に一度、大原か、祖納や白浜に日用品を買いにくるのをつかまえて、話してもらうしかない。口から耳へ、耳から口へといった大昔の原始的な伝達法がヤママヤの島では、まだ現実に存在しているのだ。

高良博士は生け捕ったヤマネコに三十ドルぐらいの賞金でいいだろう、と言ったが、私はなんとしても短時日のうちにイリオモテヤマネコを捕えたかった。

やはり懸賞金の額を増額するのが一番の早道だろうと思った。三十ドルというよりも二百ドルと言った方が捕える方の意気込みが違う。また宣伝力もある。
私は次のような広告を作製した。
『西表島の皆さんに告ぐ！
東京の国立科学博物館ではこのたび発見されたイリオモテヤマネコを捕獲したいと願っています。生きたイリオモテヤマネコはもちろんのこと、たとえ死体でも、毛皮でも、骨でも買いとります。これは琉球政府も協力してくれていますので、もし皆さんが手に入れられたら八重山営林署または担当区の人まで通知して下さい。買い取り価格は、
生け捕ったネコ　一頭につき　百ドル
死んだネコ　一頭につき　三十ドル
毛皮　一頭につき　十ドル
破損せざる頭骨　一箇につき　十ドル
その他の頭骨　一箇につき　五ドル
なお、この他に大型のヤマネコを生捕った人には二百ドル、死体を持参した人には百ドルです』

この買いとり価格は今泉博士とも相談したものではなかった。いざとなったら私は自分のポケット・マネーを出すつもりだった。八重山毎日の好意で作ってもらったこのチラシも、島の要所要所に配って、撒てもらうことにして私は帰京した。

世界的珍種
西表にヤマネコ
遺骸を発見、確認
今後はいけどりに全力
沖縄初の貴重な標本
山ネコの頭がい骨

イリオモテヤマネコの遺骸発見を伝える＝1966年４月２日付琉球新報

今泉博士らの研究がさらに進む

東京に戻ると私は直ぐに、私が今度の調査行で収集したイリオモテヤマネコの骨と毛皮とを持って科学博物館に今泉博士を訪れた。今泉博士は、この前のときに私が持ってきた頭骨をとり出して、慎重に比較していたが、

「やはり奇形ではありませんでしたね。特徴がぴったり一致しています」

と両方の頭骨を私の前に差し出して、うれしそうに言った。

またそのとき、私は大原中学の饒波文子教諭が撮影した生きているイリオモテヤマネコの写真を持参していた。この写真は同校の生徒が南風見田海岸で捕まえたとき写したもので、生きているイリオモテヤマネコの写真としては最初のものであった。

この写真を今泉博士と同室の人たちが熱心に見入った。

「間違いなく新種ですね」

今泉博士は闘志を燃したようであった。西日本新聞はこのことを七月十六日付朝刊で、つぎのように報道している。

『沖縄八重山諸島の西表島で三月に新種のヤマネコを発見した作家の戸川幸夫氏は全身骨格を入手するために五月二十八日、再び西表島に渡り調査を進めていたが、このほど全身骨格二体、頭骨二箇、毛皮三枚、写真など貴重な資料を得て帰国した。

このヤマネコは三月に戸川氏が沖縄に取材旅行をしたとき、土地の人々からヤマネコがいるという話を聞き、さっそく調査して頭骨、毛皮などを入手し日本哺乳動物学会に報告、科学博物館の今泉吉典博士らが精密検査を行った結果、尾が短い、耳の骨が小さい、耳の間の縞が六本（他のヤマネコは四本）など多くの相違点がわかり「新種のヤマネコである」と確証されたもの。

現在、世界には四属、三十数種のヤマネコが生存しているが、このイリオモテヤマネコはそのどの属にも該当しない〝新属新種〟で、頭骨などから見て、世界で最も原始的な形態を残したヤマネコだといわれ、この発見によってヤマネコは四属から五属になると同時に、日本では対馬に次いで二つめのヤマネコの生息地が発見されたことになる。

この調査の途中、西表島にはさらに他の大型のヤマネコが存在していることがわかり、その毛皮二枚も持ち帰り、今泉博士に鑑定を依頼した。戸川氏は〝毛色がトラのような横縞〟という点から「さきに発見したヤマネコとは違う種類」で、体格が非常に大きい、顔が角ばっているという点で、「飼いネコの野生化したものとも違うようで、これを徹底的に調べたい」と語っている。また、イリオモテヤマネコについても「地形の似ている与那国島、石垣島にも生存が予想されるので、合わせて調査するためにまた西表島に渡りたい」という。

この秋にも発行される日本哺乳動物学会誌に今泉吉典氏の論文が掲載されるが、その上で自動的にイリオモテヤマネコは新属新種のヤマネコとして国際的に承認されることになる』
この日、午後二時から日本哺乳動物学会第七十七回例会が、上野の国立科学博物館で開催された。この席上で私は、今度の旅行で収集してきた骨や毛皮や写真を提出して学者たちの鑑定を仰ぐことになった。
検討の結果、頭骨と全身骨格はまぎれもなくイリオモテヤマネコのものだと認められたが、毛皮は三枚のうちの一枚（大原中学校でホルマリン漬けにしてあったもの）だけがそうだと言うことになった。由布の小学校長から譲りうけた大型のネコの皮は、それは毛皮の一部分に過ぎないために確認されるところまでいかなかった（この皮は次に同様の皮が発見されたときに比較するために今泉博士の手許に保存されている）。最後の毛皮は、私が帰国直前に石垣島の於茂登岳山麓で農家から入手したもので、於茂登岳付近にもヤマネコが出没していると聞いて一日帰国を延して調査して採取したものであった。その皮の所有者は飼いウサギを盗みにきたところを射殺したものだ、と言っていた。私の見たところではイリオモテヤマネコとはまったく異なり、トラ毛であったので疑問に思ったが、念のために持ち帰ったものである。これは飼いネコの野生化したものと認定された。こうして

日本哺乳動物学会で3枚の毛皮を検討する

資料が豊富になったので、今泉博士の調査研究もかなり進んだようであった。

　この例会に私が話をする前だったと思うが、今泉博士の研究室を訪れると、博士は私を見るなり、

「いやあ、戸川さん、面白い発見があるんですよ」

と言った。何です? と尋ねると、私が由布の海岸から掘り出した赤ン坊のイリオモテヤマネコの頭骨（それは幾つかに毀(こわ)れていた）を復元して見たら、成長した親ネコとまったく同じ形をしているのです、ということだった。

　私は博士が出してくれた復元された子ネコの頭骨を見た。なるほどうまく元どおりになっている。さすがは専門家の腕だなあ……と感心すると同時に、壊れたからと捨てて来なくてよかった、と思った。

　今泉博士はその頭骨を裏返しにして、親ネコの頭骨と比較し、

「親と子ですから頭骨に大小の違いはありますが、形はまったく同でしょう?」

「なるほど相似形ですね」

「御存知のように、われわれ人間もそうですが、動物たちは胎内で発育している間に進化

戸川幸夫氏（左）と国立科学博物館動物室主任の今泉吉典氏

してきた過程をたどるようにいろいろと変化して育ってきますね。生まれ落ちてから胎内ほどではないにしても、同じように進化の過程にそって赤ん坊から大人へと発達していきます。頭の骨などもだんだん成長するにつれて変化していきます。

ところがこの赤ン坊のネコの頭骨は、親と少しも変わっていない。ただ小さいだけです。ということは、このネコは、ネコとして発生してから今日までほとんど……いや多分、少しも進化していない、ということになるんです」

なるほどそうか――私は深いため息をした。捨てなくてよかった。資料なんて、どんなに小さくて、つまらなさそうに見えても捨てるべきではないな、としみじみ感じた。

私は、それからもイリオモテヤマネコが生け捕りされる日をいまかいまかと待ち受けていたが、その年にはなんらの吉報ももたらされなかった。

昭和四十一年の四月に入って、琉球新報東京支社長の伊豆見元一氏から私に電話がかかった。もしかしたら……との期待に胸をときめかせて受話器にとびつくと

「イリオモテヤマネコがとれたそうですよ。しかし、今度も罠にかかって死んでたそうです。今日届いたうちの新聞に載っていますから、早速送りましょう」

「で、そのネコの死体は？」

「琉大の高良先生の所に届けたそうです」

それならよかった、と思った。発見者はおそらく島の人だろうから、イリオモテヤマネコの死体を見つけて琉大に送ったということは、私たちが宣伝をした効果がそろそろ現われてきたのに違いない。翌日、新聞が送られてきた。読むと、

『去る二月中旬ごろ、西表島の白保の宮城義典氏（岩倉組出張所所員）から高良鉄夫琉大教授宛てに送られてきたネコの骨格一体は、高良教授が鑑定した結果、イリオモテヤマネ

コであることが明らかになった。この骨格は組み立てて標本にし、近く着工される琉大動植物標本館「風樹館」にジュゴンなどと共に保存される。
今度西表島で発見されたイリオモテヤマネコは去る一月十七日に宮城氏が、西表仲間川の森林地でイノシシ罠にかかって死んでいるのを見てヤマネコではないかと高良教授に鑑定を依頼していたもの（中略）。イリオモテヤマネコの標本はこれまで沖縄には一体もないので、高良教授は「世界的に珍種なので、りっぱな標本にして保存したい」と語っている。現在西表島にはこれまでヤマネコの糞や足跡、あるいは骨格発見の場所が、由布、南風見、仲良川、網取などとかなり広範囲にわたっていることからみて、ヤマネコはこれらの広大なジャングルに生息分布しているものと考えられる。（中略）最近、西表島では撥ね罠によるイノシシ狩りが盛んであるため、ヤマネコがこれにひっかかって死ぬことも考えられるので、保護について対策を立てる必要がある』
とあった。
その後、ヤマネコの便りはしばらく絶えた。私は三度目の西表島行きを計画していたが、急にあるテレビ会社の仕事でアフリカに行くことになったので、西表島行きは延期した。

ヤマネコ生け捕りの第一報が入る

その年も押し詰まって十二月、今年もとうとうネコの捕獲はできなかったと諦めていると、六日の午後、琉球新報東京支社から電話がかかってきた。次長の新田君が
「イリオモテヤマネコが捕まったそうです。今度はちゃんと生きてます」

と叫ぶように言う。その声もはずんでいた。

「間違いないだろうね?」

と私も夢中になった。どこで、どういう風にして? そして今、どこにいる? 元気かしら? と私はやつぎ早に質問した。新田次長は、

「まだ捕ったというニュースが入っただけで詳しいことはわかりませんが、とにかくこれについての感想を……」

と言う。私は野生獣が捕えられて、小さな檻の中などに閉じこめられると死ぬ怖(おそ)れがあるから、飼育に十分注意してもらいたいが、できるだけ、いろんな角度から写真を豊富に撮っておいてほしい、と頼んだ。このとき私の頭にはヤマネコは死ぬだろう、という考え

がぱっとひらめいたからであった。

電話はそこで一応切って、何かニュースがあったら知らせてほしいと頼んだ。するとまた連絡があって、去年の六月に私と高良博士とが西表島調査に行ったときに随行したNTV那覇駐在員の森口カメラマンがネコを写すために西表島に渡ったので、二、三日うちには放送されるでしょう、と伝えてきた。

森口カメラマンが西表島で撮影したイリオモテヤマネコの映像は、十三日の午後零時半からNTVのワイド・ニュースで放送され、私も今泉博士も食い入るように画面を見つめた。きっと那覇の高良博士も同様だったろうと思う。

このヤマネコは雄で、大原に住む黒島広さんという山猪師が、罠（わな）で捕まえたということだった。今泉博士は琉新記者のインタビューにこう語っていた。

「テレビを見て間違いなく新種だという確信を強くしました。ヤマネコの種類は二十八種あり、そのうち二十種がアジア・アフリカに、八種が南アメリカに生息しているが、イリオモテヤマネコはそのどちらとも違っていますね。どちらかといえば南米産のあるものに近いようです。動物学的に見て非常に変わったものです。奄美大島には天然記念物に指定されたアマミノクロウサギがいますが、これは今から三、四万年前に栄えたもので、イリオモテヤマネコもそれに近いもののようです。まさに生きた化石といっていいでしょう。このようにヤマネコの新種が発見されたのは、今世紀にはありません。今後は西表島の森林に保護区を設けることが必要です」

やがて十二月十六日付の琉球新報が私の手もとに送られてきた。それにはイリオモテヤマネコを撮影した森口カメラマンの手記が載っていて、次のように報道されていた。

『西表島に全く新しい種属のヤマネコがいる——ということがわかったのは、昨年五月東京でひらかれた日本哺乳動物学会で認められ、それ以来、国際承認の手続きを得るには、このネコを生け捕りにするか、もしくは完全な標本を得ることがカギとなっていたので、報道に携わる私としてもここ一年半、西表島からのヤマネコ生け捕りの報を首を長くして待ち望んでいた。

昨年六月、琉大の高良鉄夫教授、農林局林務課の黒島寛松氏、それに国立科学博物館の依嘱をうけた戸川幸夫氏らによって「西表島ヤマネコ調査団」が現地に渡ったとき、私も十日間のその調査に同行、連日ジャングルの奥深くヤマネコを追って歩いたのだが、こうした苦労のあとだけに、今度の生け捕り成功のニュースは学者でない私にとっても大きな喜びであった。

国立科学博物館の今泉博士がこれまで学会に報告したデータと、高良教授から依頼された調査事項とを携えて私が西表島に着いたのはどしゃぶりで、道も川のように浸水していた七日だった。さっそく大原の黒島広さん宅にヤマネコを訪ねた。

暗い土間に置かれた一メートルほどの長方形の檻に入ったヤマネコは雨にぬれて隅の方に小さくうずくまっていた。翌朝は雲ひとつない快晴、再び黒島さんを訪ねた私は開口一番、ヤマネコの日光浴をすすめた。太陽を浴びたネコは小さな檻の中で元気を取り戻し、黒島さんが箸にはさんだ魚を夢中で食べた。

ネコは想像したより小さかったが、頭と比して胴が長く、短い手足が頑丈にできている姿は一見トラかヒョウの子を思わせた。同行した八重山営林署の山川次長が巻き尺で、檻の外から体長や体高を計っているそばで、黒島さんは語り出した。

「これを生け捕るのに二時間はかかりました。イノシシ罠にかかっているのを見たときすぐ思い出しました。昔だったら当然、チクショウと棒で殴り殺すところだったが……」

うっそうとしたジャングルをつくるマングローブの大木

黒島さんは捕獲の模様を、殺るか、殺られるかといっただいぶオーバーな表現で語った。最後はメリケン袋を昆虫網のように仕立ててネコにかぶせて生け捕りにしたそうだが、檻の中をあたかも動物園のヒョウのように右往左往して逃げる隙を伺っている動作を見ていると、黒島さんの言うこともまんざらオーバーではないように思えてきた。

ネコは人が近づいたりカメラを接近させるとファーッと大きな口を開いて怒った。デンスケのマイクをつきつけると一瞬がぶっと食いついてくる。

ヤマネコを生けどる

体長は約六十センチ

イリオモテヤマネコか 関係者、大きな期待

西表島

65年5月、南風田海岸で大原中校生らに生けどられたイリオモテヤマネコ

イリオモテヤマネコとは

理髪料金 抜き

Aクラスは

高校生

イリオモテヤマネコの捕獲を報じる＝1966年12月6日付琉球新報

近くに住む人が自分の家から飼いネコを持ってきて対面させたら、くだんの家のネコは一目散に長い道をまっしぐらに逃げ、自分の家に飛びこんでしまった。

それにつけても私はいま、西表島の人びとがこの貴重な生態標本を自ら進んで学術研究のために学界に提供されることを願う。島で「いくらぐらいで売れるだろうか」などと質問を二、三うけたとき、私は悲しかった。学問はもっと謙虚なものだし、こういうときこそ打算を捨てて大局的な見地から協力を惜しまぬことが要求されよう。

続いて雄、雌二匹が生け捕られる

私は森口君が目の当たりに幻のネコを見ることができたのを羨ましく思った。こういった野生動物は、捕えられて檻の中に飼われると、運動不足と寄生虫の急激な繁殖と食物の変化から弱りはじめ、死ぬことが多い。まず栄養を与えてもらいたいと思ったが、開拓民の人が飼っていたのではそうもしないだろう。私は思うに任せぬ苛立たしさに、じりじりしていた。出来ることなら飛んでいって直ぐにでも引きとりたい思いだった。

私が最も怖れたのは、このネコが、最近ではフットライトを浴び有名になったので、学問とは関係のない興行師や動物商が先まわりをして買い取りはしないか、ということだった。またアメリカ側で、研究のためにと米本国へ持っていきはしないかとの心配もあった。

そこで私は琉球新報の伊豆見東京支社長に頼み込んで、一文を掲載してもらった。それは『イリオモテヤマネコの捕獲を喜ぶ』という見出しで大きく扱われてた。この中で、私は次のようなことを訴えた。

『捕えられたイリオモテヤマネコは貴重な学問的資料だから大切に飼い、学問研究のお役に立てたいものである。

このネコがこれからどういうふうになるか、私はまだ聞いてないが、琉球政府か大学などで飼育する考えがあるのだろうか。高良博士のところなどで十分な管理の下に研究を加えられることには賛成だが、これが単なる見せもの的な興味から飼育管理も十分でない場所で飼われたり、興行師などの手に渡ることだけは厳重に監視してそんなことのないようにしてほしい。

できうることなら研究にも、飼育にも十分な施設のある東京に持ってくるといいと思う。上野動物園などには手なれた飼育人もいるし、獣医さんもいる。また研究機関も整っており、国際承認となった場合、世界の動物学者が学界などで東京に集まったおりに見にくることも考えると、やはり東京に置くのが一番いいように思うがどんなものだろう?

万が一死亡したような場合でも、一流の剥製師の手で再現して、国立科学博物館に陳列することができる。

ところでこのヤマネコを捕えてくれた人には賞金を与えたい。賞金でなければ少なくともヤマネコの代金を支払うべきだと思う。学問のためだからと言っても、無料で提供せよというのは無理な話で、一文にもならなければその後、生け捕りにしても提供しようという人はなくなるに違いない。その方が怖い。動物学者や私のような動物愛好者は別として、一般の人はやはり苦労して生け捕ったヤマネコを金に換算したいだろうし、またそれに報いてやるのが当然であろう。

もしこれが東京の動物園にでも送られるようなら、適当な金額を捕獲者に贈るようにあっせんの労をとることに私は吝(やぶさ)かでないつもりだ。高良博士の御意見も尊重したいから、博士がどう考えられているかお聞きしたいものである』

国立科学博物館では早急にこのヤマネコを引き取りたい意向だったが、それにしても賞金や輸送料などで費用が要る。そういった特別な予算は組んでなかったから、それをどうするかということが問題になった。お役所の仕事だからすべて予算がついてまわり、個人業者のように〃それ行け〃というように簡単にはいかない。今泉博士も気をもんでいたが、どうにもならない。

その事情を聞いて、私は失礼ながら一応立て替えておいてもいいと考えたが、国立科学博物館ともあろうものが個人から費用を借りるというわけにもいかない、ということである。それなら私が個人の資格で一応引きとっておいて、後から博物館に寄贈しようかと考えたが、イリオモテヤマネコを濫獲されないために高良博士を通じて、沖縄文化財保護委員会に頼んで、沖縄の天然記念物に仮指定してもらったことが、こんどは仇となって個人では簡単に受けとれないことが判った。融通のきかないことおびただしい。まったくいらいらした思いだった。こんなことで、いたずらに時間をかけていたら、肝心なネコが病死するかもしれないと思うと気が気でなかった。

そのうちに、このネコが不完全な檻を破って逃げたというニュースが入って、一同がっかりしてしまった。

捕獲者の黒島さんは新聞やテレビで〝時の人〟になっていただけに、躍起となって仕事を投げだしてヤマネコ捕獲に懸命になった。運のよいことに、またも一頭、前のとは別だが、雄ネコが罠にかかった。今度の雄ネコは前のよりも年をとっていて、仲間と喧嘩をしたのか、それともイノシシにやられたのか、片耳がつぶれているということだったが、それでもイリオモテヤマネコであることには間違いないという。

そこへもってきて、さらに中里恵誠さんという開拓民の人が、もう一頭捕えたという

またヤマネコ捕獲

西表　前より大きく弱りぎみ

六日午前、八重山営林署（西表島・大原）から農林局林務課（安里清昌課長）へ「大きなイリオモテヤマネコがつかまった。飼っているが、どうするか」との連絡があった。同課ではさっそく琉大の高良鉄夫教授に問い合わせたところ早急に琉大に送るよう手配した。

このヤマネコはオスで五日午後七時ごろ、昨年十二月初めにつかまった同じ場所の仲間川中流近くで、これも前と同じ黒島広[illegible]さんのイノシシワナにかかったもの。

大きさは前のものより大きく、としをとっているが、やや弱りぎみだという。高良琉大教授は琉大に送るよう望んでいるが安里林務課長の問い合わせでは「売らない」と話っているという。

れない限り、文化都市としての発展はあり得ない。これまで救助タワーの購入をはじめ レンジャー部隊の構成とかなり消防力は充実されてきたが、なお発展、複雑化する社会に機敏に即応できるよう日々努力してほしい」と激励した。

優良消防職員、永年勤続職員の表彰式のあと、消防車両の分列行進が行なわれた。引き続き午後一時半からは消防車が国際通りをパレード、那覇市役所前と沖縄東宝劇場前で五色の放水を行なった。

新たなイリオモテヤマネコの捕獲を報じる＝1967年１月６日付琉球新報

ニュースが届いた。その方は若い雌だという。普通ならば、二頭捕獲できたのだから、一頭を東京へ持ってくるとしても、もう一頭は琉球大学の高良博士のところへ置くのが当然だが、捕えられたのが雄と雌ということで私は慾が出た。雄どうしか雌どうしなら一頭は高良博士のところに置くところだが、雄雌だからこれを交配させて子ネコを増やしたらどうでしょう、子ネコが生まれて、それがうまく育ったら、そのとき一頭を高良博士の所へ送り、残りは東京や名古屋や大阪の動物園にやって一般の供覧に資したらどんなもんでしょう、と私は今泉博士に進言した。

私はもう一度心臓を強くして、高良博士の好意に甘えるべく、そのことを手紙に書き、そう実現できるように御協力下さいと訴えた。今泉博士も手紙を出した。

問題は予算の点だけだった。

「館長の英断で、ようやく予算がとれました」

と二、三日してから研究室を訪れた私に今泉博士がうれしそうに言った。イリオモテヤマネコを受け入れるための予算はとっていなかったが、庭園を修理するための予算が少し残っていた。庭園修理は次年度でも出来る、こちらの方が緊急を要するという杉江館長(当時)の裁断で、その費用がまわされることになったのだという。私も飛び上がるほどに嬉しかった。

「どうやって送らせますか?」

「やはり高良先生に一役買ってもらわなければならんでしょうが、向うさま任せというわけにもいかんでしょう。だからネコ受け取りに小原君を派遣しようかと思っています」

引き取りをめぐって思わぬ横槍が入る

小原巌文部技官は、今泉博士の下で研究をしている博物館の若い学究であった。ちょうど折よく農大探検部で西表島の動植物調査をやることになっていて、小原技官はその人たちと同行することになっていた。

小原技官がイリオモテヤマネコを受けとるために東京を出発したのは四十二年の三月一日であった。小原氏は那覇に着くとすぐに琉大に高良博士を訪れ、ヤマネコ二頭を貰いたいこと、それについて協力してほしいということを伝えた。高良博士は快く承知してくれた。続いて琉球政府林務課に挨拶して、石垣島に飛んだ。

石垣市に着いた時の小原氏は、もうこれであとはヤマネコを捕えた人たちと買い取り価格について交渉すれば、スムーズにネコは手に入るものと考えていた。その交渉には高良博士と八重山営林署長の山川元英氏(比屋根署長は転任し、山川次長が署長になっていた)が当たってくれることになっていたので、気重なこともなかった。

三月十一日、上野動物園西園講堂で、動物園と東京動物園協会主催の動物愛好会例会が開かれたが、このとき森口君が撮影したイリオモテヤマネコの映像がNTV提供で上映され、私が講演をした。時の話題だっただけに会場は超満員で、私もいい気持ちになって、目下国立博物館の小原技官が受けとりに行っているから、近く本物をご覧にいれることができるでしょう、などと喋(しゃべ)ったりした。三月五日、小原技官は竹富町役場に挨拶に行き、白保町長に、

「イリオモテヤマネコを頂きにあがりました」

と言うと、町長はにこにこして、

「それは御苦労様です。こちらでも然(しか)るべきところを考えています」

と答えた。

「そのときは町長が快く応接して下さったので、最後に然るべきところを考えています、と言われてもピンと来なかったのです。てっきりネコは貰って帰れるものと思いこんでいました」

と小原さんは、当時を回想してこう言う。

翌六日の便船で、小原技官は農大生らと共に西表島の大原に渡った。そして初めて二頭

ヤマネコ引取りで奮闘した小原文部技官

のイリオモテヤマネコを見て感激した。それとなく捕獲者の意向を仰いでみると、一頭につき千ドルから三千ドルぐらいほしいような口ぶり、小原技官はびっくりしてしまった。そんな法外な予算は組んでいない。

「何しろ去年から仕事もしないでネコ追っかけをしてたんだからね」

と捕獲者は言い、

「世界的に有名な、大へんなネコだというから、千ドルでも安いもんだ」

と村の人たちも、応援するような口ぶりで口ぐちに言った。

この人たちは「学問的価値」と「骨董(こっとう)美術品的価値」とを混同している——と小原技官は

思った。学問的にはいくら価値があったとしても、美術品的に見れば無価値なものはいくらもある。新聞などで、貴重なネコだと騒ぎ立てたために、それが学問研究の上で貴重なものだということが解らず、ネコそのものが骨董美術品と同じように値うちのあるものだと考え、捕えたらいくらになるだろう？　どのくらいの儲けになる？　と考えがちなのだ。

しかし、小原技官はここで言い争うことの愚を悟った。相手が怒って、

「そんなんなら、ネコは放しっちまうさ」

と檻の戸を開けられたら、元も子もなくなってしまうからだった。高良博士がやってくるまで黙っていようと考えた。

高良博士は数日遅れて島にやってきた。そこで小原技官は事情を話して、買値の交渉をしてもらうことにした。高良博士と山川署長は作戦を練った。捕獲者たちはそれぞれ少なくとも千ドルは貰えるものと狸の皮算用をしている。何とか怒らせずに譲り渡すようにしなければならない。

「よく説得しましょうや」

と高良博士。山川署長が、

「私から話してみましょう」

と言った。

島の人たち、殊に開拓民や山で働く人々にとっては、営林署員は親しい間柄であり、同時にまた恐い存在でもあったわけで、山川署長は二人を営林署に招いて説得に乗り出した。

「ヤママヤは二年前から捕獲者にはお礼をすると日本の国立博物館が方々に貼り出していたから、君たちもそれを見て協力したことと思う。君らはどう思うとるか知らんが、ヤママヤは今やイリオモテヤマネコという立派な名がついて、琉球政府から天然記念物に指定されている、ということはみだりに獲(と)ってはならない。捕えたり殺したりしたら密猟者として罰されるというわけさ。

しかし、こんど君たちがやったのは日本の博物館の呼びかけに協力したことだから罰にはならない。もっともそれは博物館なり琉球政府に提供した場合で、これを他の業者などに売ったら、売った者も買った者も処罰される。

従って、天然記念物だからこれを売買することは許されない。博物館としても、ヤママヤを君らから買いとるのじゃなくて、君たちが協力してくれたその労力に対して、謝礼金を渡すという形になる。君たちの一日の日当から計算して、それ以上のお礼はするはずだが、渡された額で満足してもらいたい。気に入らんからヤママヤを放したとしても、捕えたということは消えんのだからな……」

二人の捕獲者はやむなく承知した。

「それでも考えてみると一生懸命にやってくれたので、私の方は許された予算いっぱいの礼金を送りました、後で高良先生に、そんなに多くやると、これから後で捕えたときに困ると叱られましたがね……」

と小原さんは笑って私に話してくれた。

来月 天然記念物に指定

文保委、乱獲防ぐ

農林局も取り締まり強化へ

イリオモテヤマネコ

玉城さん（大道小五年）佳作に

読書感想文全国コンクール

イリオモテヤマネコの天然記念物指定を報じる紙面＝1965年1月26日付琉球新報

ネコが手に入ったので小原技官は翌日、連絡船に積み込んで石垣市に運んだ。これには営林署や農大の学生たちが手伝ってくれた。

「後から考えると私たちが捕獲した人たちからヤマネコを買い取るために、何日もかかって交渉をしたり、ネコの餌になるネズミや小鳥を捕まえたりしている間に、竹富町役場では白保町長が那覇に飛んで、自分のところから直接天皇陛下にこのネコを献上するために日本政府南方連絡事務所や琉球政府に働きかけていたわけですね」

「私たちはそんなことは何にも知らないので、二頭のヤマネコを船から下して、宿屋に持ち込むわけにもゆかないので、いっしょに行った農大生の一人が石垣島の有力者である坪田圭司さんの息子さんだったので、坪田さんのお宅に飛行機に乗るまで置いてもらうことにしたのです。

そしたら直ぐに竹富町役場の瀬戸助役がやってきて、このヤマネコは当町産の天然記念物であって、飼育許可はわれわれが持っている。それをいくら博物館だとはいえ、勝手に動かすとは怪(け)しからん。われわれの方では然(しか)るべき筋に渡すつもりで、捕獲者に飼育を命じていたのだ、と大へんなけんまくで文句をつけるのです。西表島に渡る前に挨拶(あいさつ)に行った時とはがらりと変った態度なので、びっくりしてしまいました。

でもあのときはそんな話はなかったじゃありませんか。第一あなた方は飼育許可は持っているといわれるが、それならば捕獲許可証も持っていらっしゃるのか、と聞くと、これは無いのでつまってしまって、とにかく塚原総務長官が近く来島されるから、その時にこのネコをお土産にやって、島に波止場をつくってもらうことにしてるんだ。そんな大事なもんだから、研究かどうかは知らんが絶対に渡すわけにはいかん、と言って、翌日は二頭とも取りあげて役場に持っていってしまいました。

私は争いたくないので、なるべくおとなしくしていましたが、ネコを取り上げられては私の役目が果たせません。昔なら切腹ものです。そこで今泉博士にこのことを報告すると同時に、高良博士にもなんとかうまく事が運ぶようにお願いをしました」

小原技官は当時を回想してこう語る。

ヤマネコ取引に協力してくれた農大探検隊の人たち

トラブルの末に博物館行きが決定す

私が博物館に、ヤマネコの件はどうなりましたか？　と今泉博士を訪ねると、ちょうど小原氏からの詳細な報告が届いたところで、

「いやあ、困りましたよ。横槍が入りましてねえ」

と今泉博士は話してくれた。

ああ、ここにも学問的価値と美術品的価値とを混同している人たちがいる――と私は悲しくなった。小原さんは困ってるだろうな、と思うと、何とか彼のために援護射撃をしてやらなければなるまいと決心した。そこで私は今泉博士に言った。

「僕は新聞社に働きかけて世論づくりをやりましょう。これは小さな面目や利益のためのものではない。大局的な立場に立って学問のために協力すべきだ、と沖縄の人たちにわかってもらうためです。ですから先生の方では、博物館として、文部省を通じ琉球政府や南連に働きかけて下さい。こんなことをやっていたらネコを死なしてしまいます」

その帰途、私はイリオモテヤマネコの頭骨発見以来、ずっと詳細に報道をしてくれている毎日新聞と琉球新報を訪ねて、協力をしてほしいと頼みこんだ。

「もしここで、せっかく捕えたネコが死んだり、またはトンビに油揚をさらわれるようにアメリカに持っていかれたりしたら、これまでの今泉博士の研究は中断しなければならなくなります。そうなると国際承認も得られなくなります。高良博士が自分の研究も犠牲にして縁の下の力持ちとなって、今泉博士の研究に資料を提供され、協力されているのは、みんな日本の学問のためという気持ちからです。どうか、沖縄の人たちがみんな高良博士のような気持ちになってくれるように世論の喚起をしてほしいのです」

両社とも大局的には賛成してくれた。また私は沖縄タイムスの記者で、私たちの西表島調査に同行した新川記者や、八重山毎日の村山社長にも同様な主旨の航空便を出した。高良博士にも電報をうった。翌日高良博士から協力をする旨の返電がとどいた。一方、今泉博士も琉球政府や南連へ連絡をとられていたようだった。

援護射撃の効果は現われてきた。毎日新聞の三月二十日付夕刊は、那覇の松井特派員発の記事として次のように報道した。

『二年前に動物作家戸川幸夫氏によって発見された世界の珍獣イリオモテヤマネコがこの一月、西表島で生け捕りされた。この生きた標本をめぐって「まず天皇陛下に献上したい」という地元の〝国民感〟と「学術研究のために早く東京に持っていきたい」という学者が対立、ときならぬヤマネコ騒動がもちあがっている。

イリオモテヤマネコは四十年冬、同島を調査した戸川幸夫氏が初めて発見、日本哺乳動物学会に報告した。同氏が採集した骨格と皮を国立科学博物館動物学課長今泉吉典博士が研究したところきわめて珍しいヤマネコで、世界の動物学界でも今世紀にはいり指折りの新種発見であることがわかった。

今泉博士はこのヤマネコが従来のネコ科のどの属にもあてはまらないことから、同島のネコを指す方言のマヤと、ギリシャ語でネコを意味するイルルスを組み合わせてマヤイルルス属を新設、イリオモテヤマネコと名づけて論文をまとめた。

新種として世界に公認されるためには完全なタイプ標本を同博物館が持っていなければならない。しかしこのヤマネコはきわめて野性が強く、これまで生きた標本を入手することができなかった。それがこの一月に西表島大原で住民の黒島広さんと中里恵誠さんによって生きたまま捕えられ、二年越しの希望がやっとかなえられそうになった。

地元竹富町は、(1)営利目的に使わない、(2)学術機関に提供するまでの間、という二つの条件づきで琉球政府から飼育許可をとり、捕まえた二人に飼育を委嘱していた。

ところで、国立科学博物館の小原巌文部技官は西表島を訪れ、飼育に当たっている二人と引き取り交渉をした結果、話し合いがつき十五日、隣の石垣島まで運んだところ、これを知った竹富町当局は「飼育許可は竹富町が持っている。無断で持ち出すことはならぬ」と取り戻してしまった。その後、町当局と小原技官の間で話し合っているが、まだ解決のメドがついていない。

小原技官は「あのままにしておくと適切な飼育管理ができず、死んだり逃げたりしたら学術研究の上からとり返しのつかない損失だ。飼育許可にも、学術機関に引き渡すまでという条件がついているのだから渡してもらいたいもんだ」と主張している。

これに対し竹富町側は

「まず天皇陛下に献上したい。これによって西表島の名を高め、多くの人に知ってもらう。献上したあと、今泉博士を通じて適当な学術機関に下賜されればいいではないか」という意向のようだ』

『双方から意向打診や苦情を持ち込まれた日本政府南方連絡事務所や琉球政府は「もっとよく話し合い、最善の方法をとるように」というだけで困り抜いている。当の今泉博士は「島の人たちの気持ちもよくわかるが、今の段階では珍獣であることがまだ学問的に世界に確認されておらず、天皇陛下に献上するにしても意味がない。まず科学的に新種と確認することが必要で、最初のヤマネコは私たちに引き渡してほしい」と訴え、さらに「競争の激しい学問の世界のこと。沖縄に施政権をもつアメリカの学者が先に完全標本を手に入れれば、せっかくの発見も先を越される可能性もある」と気をもんでいる』

また、沖縄タイムスは十七日付けで、

『竹富町がこのヤマネコに強く執着しているのは、これが世界的大発見といわれる珍獣だけに、これを同町西表島の産業開発問題の促進に何らかの形で利用しようという意図があるためである。同町の公式な意図としては五月ごろ来島を予定される塚原総務長官に、西表島開発を訴えるさいの手土産に、このネコを贈り、同長官から適当な学術機関に贈るということにしている。

ところが実際には、このヤマネコを天皇に献上しようという計画がひそかにすすめられ、現在、南連に対して宮内庁側の打診を依頼しているといわれる。このことについて同町当局者は極秘にして語らないが、ある関係者はこれを肯定し、天皇に献上することによって西表島の名を大きくＰＲし、……』云々（うんぬん）と報じた。

こういった動きに小原技官に同行していた東京農大西表島調査隊の学生たちが騒ぎ出し、坪田圭司氏が、

「学問研究のための貴重な資料を、今まで知らん顔で放っておいた竹富町当局が、政略のために横どりしようとする行為は怪（け）しからん」

と攻撃を始めた。石垣市の有力者だけに坪田氏に同調する者も増えてきた。坪田氏は琉球政府に電話をし、南方連絡事務所に電報を打つなどして、イリオモテヤマネコが小原技官の手にもどるようにと猛運動をした。

この争いの間も、小原技官は竹富町役場に置かれているヤマネコのことが心配で、毎日のように見に行った。

「私にひたかくしにしていましたが、あるとき二頭のうちの一頭が檻からとび出して、大さわぎをしたらしいです。白保町長は献上手続きをとるために那覇に行っている。その留守にネコに逃げられたとあっては大ごとですから、役場の人たちが総出で追いまわして、幸いにも建物の中だったので、取り押さえることができたようでした」

と小原さんは言う。

小原技官が見にゆくと、二頭のネコは檻に入れられたまま、役所の屋上のカンカンと太陽が直射しているところに置かれていた。

「こんなことをしていたらネコは死んでしまいます。もともとイリオモテヤマネコはジャングルの暗いところに棲息している夜行性のネコです。飼いネコとは違うんです。あなた方だって、この照り返しの強いコンクリートの上に一日置かれてごらんなさい、どんな思いがするか……」

温厚な小原技官もこのときはついかっとなって声を荒らげた。

そのうちに那覇でも、ネコは学会に引き渡すのがいい、という世論が強くなってきた。琉球政府の説得、南連の献上手続き拒否などによって白保竹富町長も弱った。琉球新報でも、沖縄タイムスと歩調を合わせて連日のように書き立てた。町長はついに献上を諦めた。

「白保町長は献上を諦めたが、まだ何とか島の開発のために使い途はないものかと考えていたようですが、那覇発の帰りの飛行機に乗り込んだとき、飛行機の中まで追っかけてきた金城君という沖縄の学生が、それこそ町長につかみかからんばかりの勢いで、学問研究の尊さを君はなんと考えているんだ、と抗議したそうです。まあそんなことも影響したのでしょうが、石垣空港に着いたときは、出かけるときの元気はまったくなくて、町長はしょんぼりしてたそうです。

後から考えると、私が西表島に渡る前に挨拶(あいさつ)に行ったときまでは、それほど強硬な考えではなかったようです。私が島に渡ってもたもたしているうちに、いろいろと役場内部で意見を出す者などがあって、急にそうしようと思いついたのではないでしょうかね」

と小原さんは言う。

こうしてネコは無事に小原技官の手に返された。

『さる十五日以来「世界的に珍しい動物だから天皇陛下に献上したい」という竹富町当局と「学術研究のため一日でも早くひきとりたい」という国立博物館小原文部技官との間でもめていたイリオモテヤマネコ雄雌各一匹は、十九日正午、竹富町役所で白保同町長、瀬戸助役が小原技官と話し合った結果、竹富町側が全面的に譲歩したので、成り行きが注目されていた山猫騒動も五日ぶりに解決した』

と沖縄タイムスは三月二十日付で報道し、

「皇室に献上しても結果的には同じことだと思っていた。今泉博士からの手紙もあり、また南連とも話し合った結果、小原さんを通して国立科学博物館に役立ててもらうことにした」

と白保竹富町長の談話も掲載していた。

ヤマネコ、ジェット機で東京へ来る

小原技官は、そう決定した以上は直ぐに送った方がよいと考えた。二十日午前十一時三十分、石垣発のＡＡ機につみ変えて羽田に輸送した。

亜熱帯に棲息するヤマネコ、しかも捕えられて二カ月以上も狭い檻にとじこめられて体力の弱っているものを、いきなり高空を飛ぶジェット機に乗せて空輸するということに、私たちは危険をおぼえた。

せっかくここまで運んで、最後の段階になって死なせるようなことがあってはならない。幸いに日航に私の新聞社時代の友人がいたので、私はネコの輸送に当たって、臭いだろうが乗務員室に入れてもらえないかと依頼した。客室には置けないがなんとか善処しましょうということで、日航本社から那覇空港へ連絡をしてもらった。また琉球新報にも頼んで、那覇空港でつみかえるまでの間にイヌその他からの被害をうけないように警備してもらうことも頼んだ。

ヤマネコを日航機に無事つみこんだという琉球新報本社からの連絡が入ると、東京支社の新田次長がさっそく私に電話をしてくれた。今泉博士のところへも連絡が届いた。私は今泉博士と新田次長の三人で夕方になるのを待って、羽田空港へと行った。

日航機は午後七時四十分に到着するという。空港には各新聞社の記者やカメラマン、テレビのニュースカメラマンが、多勢つめかけた。日航の事務所で休憩をしていると、飛行

羽田空港でヤマネコの到着を待つ今泉博士（右）と新田氏

機が到着したと、知らせがきた。わっと報道陣が立ち上がった。人間ならさしずめロビーで記者会見というところだが、動物のこととて、撮影は荷物引取所でということになった。動物検疫は比較的簡単に終って、係の人が車に檻を乗せて運び出してきた。

なるほど凄い。大きさは飼いネコの大きな奴ほどだが、人が近づくと牙をむいてフワーッと唸る。フラッシュがパッパッと閃くが、案外に平気である。思ったほど弱っていない。だが、温暖な西表島からやってきては、三月中旬とはいえ、東京の気候は寒いに違いない。とりあえずその夜は、この輸送についていて世話を焼いてくれた有竹鳥獣店に預

檻から逃げようと動き回るヤマネコ

かってもらうことにし、それからネコたちの檻ができるまで、観察も兼ねて今泉博士が家で飼うことになった。

ネコの檻は私がつくらせていた。博物館では、飼育が困難なので、飼育体勢が整うまで私が委託されて飼育管理をすることになっていたからである。翌日の毎日新聞は『ヤマネコの里親きまる』という見出しで、写真入りでこのことを報じていた。

第4章 飼育日記

——雌雄二匹のヤマネコ預かり飼育するが、交尾の期待も空しく、八二八日で、再び博物館にヤマネコを返すこと——

なぜ私の家で飼育されることになったのか

マスコミで大騒ぎされたあとだけに、一般の人は、このイリオモテヤマネコが、ただちに上野動物園に収容されて、展覧に供されるものと考えていたようだった。ところが、案に相違して、このネコは二頭とも私の家で飼育されることになったので、私に対して何人かの人が、

「どうして上野動物園にやらないのですか？」

と質問をした。私は、まだこのネコが研究途上のものであって、これからいろいろと調べなければならないことが、あまりにも多すぎるからですと答えた。動物園に入れてしまえば、一般大衆の目にはふれるが、それは研究者にとっては、はなはだ都合の悪いことに違いない。なんとなれば、研究者たちは、好きなときに、好きなところで、このネコをもっとよく観察し、生態や習性などを記録していかなければならなかった。イリオモテヤマネコのすべてがはっきりしたときに、はじめて一般に公開してもおそくはないと私たちは考えたからであった。それにこの野性の勝ったネコたちを、まず落ち着かせ、環境に慣れさ

せる必要があった。それには静かな場所において、一人の顔なじみの人間が責任をもって管理し、飼育する必要があった。

私の家は東京都内の青山にあった。都心には近いが、このあたりはわりあいに静かで、ことに裏通りにある私の家のあたりは樹木も多く静かであった。私の家の庭は、わずか三十数坪しかないが、それでも私は、野鳥を集めるために、雑木林を移植して、原生林のようなものをつくっており、そこにキツネやタカや、いろいろの野生動物を飼って飼育したことがあった。だから、絶好の場所とまではいかないが、比較的、野生動物を飼育するには環境のいいところであった。そうはいうもののいよいよ国立科学博物館の委嘱を受けて、この二頭のイリオモテヤマネコを飼育するということになって、責任が非常に重大なのを、いまさらのように感じた。ここまで皆が努力してくれたネコたちを、私の管理がへたなために死なせるようなことがあってはならない。これが一番大きな心配であった。ことに三月ももう終りに近くなったとはいえ、気候はかなり寒かったので、西表島から送られきたネコが、この気候の激変に耐えられるかどうかということに、大きな不安を感じていた。

私は、今泉博士に相談をして、ネコに保険をかけましょうかといった。国立博物館としても、このために莫大な費用をかけているのだから……と、方々の生命保険会社に当たってみたが、どこの生命保険会社でも、ヤマネコの保険はやったことがないからと、尻込みをしてしまった。ただ、ひとつだけ、ある保険会社が引き受けてもいいと申し出てきた。だが、いろいろと検討した結果、今泉博士は、結局、保険金が取れたとしても、ネコが死んでしまったんでは、どうにもならないことだし、死んだ場合には、剥製は博物館に残るわけですから、保険はかける必要はないでしょうということで、このほうは沙汰やみにしてしまった。

私が注文しておいたヤマネコの檻(おり)ができたのは、三月二十八日のことであった。このヤマネコの雄と雌とはいっしょに育ったのではなく、違った場所で別々に捕獲されていたので、おたがいに面識がないわけであった。送られてくるのにも、別の檻に入れられてきたのだから、いきなり、二頭をいっしょにするというのはけんかをする危険があった。上野動物園でも、雄のサイと雌のサイをいっしょにしたとたんに、猛烈なけんかをしたという

オリで運ばれてきたヤマネコ

話がある。それから考えて、この大切なネコをいきなりいっしょにして、どちらかが死ぬようなことになると大変なので、ここは慎重にしなければならなかった。そこで、私は、雄ネコを入れる檻と、雌ネコを入れる檻と、それから学会やその他で、ネコを研究に供するために持ち運びができるような、携帯用の檻とを三つつくった。檻はおたがいに連結するようにしてあったので、三つを合わせると、一つの長いウナギの寝床のような檻になった。こうして、だんだんと、ネコを金網ごしに顔みしりにさせておいて、いつかはいっしょにして、夫婦にしようと考えたのであった。

以下は、昭和四十二年の三月二十日、二頭のイリオモテヤマネコが、羽田空港に到着してから、昭和四十四年の六月二十日に博物館に引き渡すまでの八二八日間の飼育日記の中から抜粋したものである。

ヤマネコをわが家の檻に移しかえる

三月二十日（月曜日）　朝からヤマネコの件で、琉球新報、日航本社と連絡をとった。夕方、今泉博士と二人で、日航本社に挨拶（あいさつ）に行き、それから琉球新報の新田次長と三人で私が運転する自動車で羽田へ行った。ヤマネコたちは午後七時四十分着日航機で着いた。報道陣多数がきた。心配していたほどのこともなく元気である。その夜は、ネコを有竹鳥獣店に預けて、二十一日から今泉博士宅に、私の庭の檻（おり）が完成するまでおいてもらうことにした。

三月二十一日（火曜日）　夜になってから、今泉博士から私のところに電話があった。雌ネコのほうが輸送中にどうもカゼをひいたらしく鼻水をたらしていて、食欲がないということだった。博士もひどく気にしておられたが、私も心配である。

三月二十二日(水曜日)　今泉博士に連絡をとって、ネコのことを聞いてみた。雌ネコのほうはどうやら元気になったが、今度は雄が鼻水を出して食欲をなくしたという。雌のカゼが伝染したのだろうか……。

三月二十三日(木曜日)　朝、起きがけに、今泉博士に電話をしてみる。ネコは二頭とも少しよくなって、食欲が出たらしく、与えたハツカネズミを食べたという返事だったが、それでも鼻水をたらしているから心配なので、早く完全な檻に移

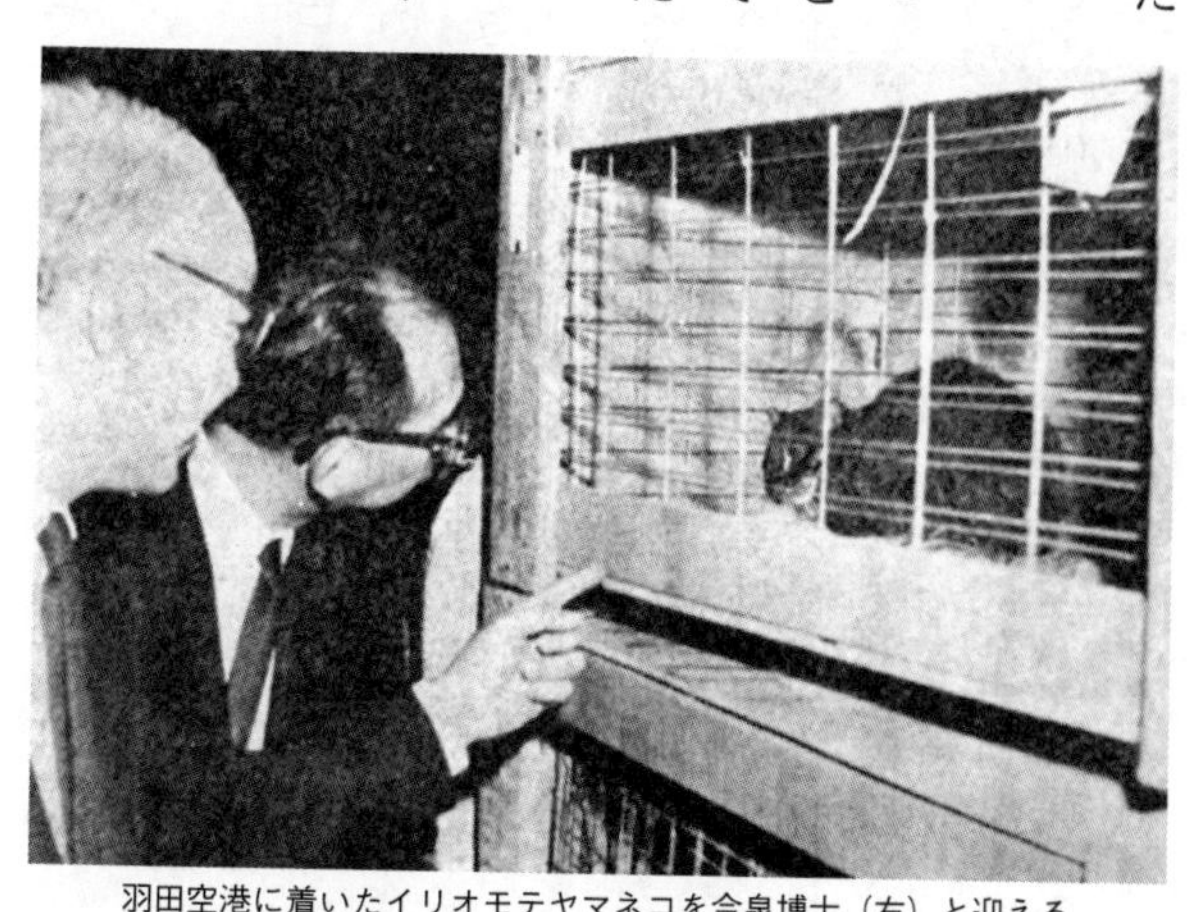

羽田空港に着いたイリオモテヤマネコを今泉博士(右)と迎える

したいということだった。午後、私は檻をたのんでおいた大工さんに、急いでくれるよう連絡した。

三月二十八日（火曜日　くもり　飼育第一日目）ネコの檻ができてきた。その旨を今泉博士に連絡すると、午後三時、今泉博士は令息の運転する自動車に乗せて、ネコの檻を運んで来てくださった。この日から、私のイリオモテヤマネコの飼育が始まるわけである。

私がつくったネコの箱は、運動ができるように、かなり大きくつくったので、送られてきた金網の檻から箱へ移すときに入口の大きさの差から逃走しはしないかと心配だったが、案ずるよりもやさしかった。ネコの金網を新しい檻の口にくっつけて、網戸のすきまに板を当てて、ペンチで金編みを破った。すると雄ネコは自分からサッと檻の中にとび込んで、なにごともなかった。雌ネコのほうは、まだ子ネコの域を脱していなかったので、非常に臆病で、檻に手をかけると、中に入れてあった布にもぐりこんで、出ようとしない。しかし、これも箱の口までやって、布を外にひきずり出すと、これまた、サッと檻の中へとび込んで、暗い隅の寝箱にもぐって、じっとうずくまった。

箱の両隅に、ネコが安心して眠るための小さな箱を入れておいたが、二匹ともその中にもぐり込んで出てこようとしない。まず水をやり、ニワトリのキモを与えたが、二匹とも食べようとしない。私のところに飼われていた三匹の日本犬が、しきりと吠（ほ）えるので、それに興奮しているのか、姿をあらわさないのだ。そこで、小屋にシーツをかけて安心させると同時に、保温に役立てることにした。

わが家に来たイリオモテヤマネコ

三月二十九日（水曜日　晴　飼育二日目）　ゆうべ夜中に、ネコたちしきりに動きまわっていたので、サク（わが家のアイヌ犬、雌）が夜どおし吠えていた。アイヌ犬というのは、しつこい性質なのか、サクはほかの二頭（四国日本犬）のようにあっさりせず、あやしいと思うと、一晩中でも吠え続けるくせがある。早朝、雄と雌のヤマネコたちが、境の金網ごしに立ち上がって、手を出して睦み合うような様子をしていた。それを見て、案外早く同室させることができるかもしれないと思った。私が檻に近づくと、二匹とも、フーッ、フーッとネコ特有のうなりを発しながら、牙をむいて身構えた。雄のほうはかなりの年齢らしい。話にもあったように、左の耳の先のところが、どうしたことかつぶれている。雌のほうはまだ若い。十分な成長をしておらず、子ネコから少女期に入ったところだろうと思われた。雌のほうは毛色が鮮明であるが、雄のほうはぼけている。

　しばらく見ているうちに、二匹は私に警戒をしなくなった。そのうちに、雄ネコは雌ネコを見て、あとずさりをしたり、寝ころんだり、前足で境の金網をしきりとひっかいたりするが、雌は知らん顔している。おそらく、これは雄ネコが雌ネコの歓心を得ようとしているのではないかと思われた。糞と便の様子を見た。どちらも良好である。これならば心配はないと思った。雌のほうは、自分の寝箱の外に出てしているが、雄のほうは糞のくせが悪いのか、寝箱の中でしている。この日もわが家の飼いイヌの三匹が興奮して騒ぐので、まず、イヌと慣れさせることが必要だと思った。

ネコに強い関心を示すわが家の日本犬

ネコの小屋から約二メートル離れたところにテンの小屋がおいてある。このテンは、私が秋田のまたぎから、子テンのじぶんにもらってきて飼っているので、まったくよく馴れている。このテンと雌ネコとが顔を見合わせて、おたがいに、にらみ合ったかっこうであった。テンのほうは金網にはい上がり、ネコに一番近いところまでいって、鼻を突き出してヒクヒクと臭いを嗅ぎ、新しくやってきたこの連中が、いったいなにものであろうかというふうに探りを入れているようにみえた。ネコのほうは、ただ、じっとにらんでいるだけであった。

三月三十日（木曜日　くもり　夜雨　飼育三日目）

じっと観察をしていると、雌ネコのほうは、寝箱から出てきて、外で糞(ふん)をしているが、雄ネコのほうは寝ワラの上にしている。そのために掃除がとどかない。やむなく、ワラごと引き出すことにして、寝箱の中にホースで水をかけて洗ってやったが、水をかけても、ぬれることにはいっこうに平気のようである。ふつう、ネコは水にぬれることを非常に嫌うものだが、このヤマネコたちは、水にぬれることは平気だ。というのは、マングローブの生活に慣れているためだろうか。また、ネコはきれい好きともいうが、このネコはそれほど

ヤマネコのいるわが家の庭。右側の動物はテン

でもないようだ。やはり、ジャングル住まいのためだろう。餌として、ニワトリの頭六つとブタのマメ（腎臓）を一つずつ、それぞれに与えた。夜は寒さを防ぐためと、イヌが騒ぐのをやめさせるために、ネコたちの小屋に、自動車のシートをかけてやった。

本日午後は外出しなければならなかったので、そのため、昼の観察はできなかった。まず餌から慣らしていこうと思い、二頭に夕方は食事を与えぬことにする。

三月三十一日（金曜日　朝くもり昼より晴　飼育四日目）　わが家のイヌたちも、やや馴れたらしく、二日目の夜から、あまり吠えなくなった。朝七時にシートを取り除いた。雄と雌が寝箱の外に出て遊んでいたが、シートをのけたとたん、雌は寝箱の中にかけ込んだが、雄は平気でそのまま出て、まぶしそうに太陽を見上げていた。

朝、ニワトリの頭一つ、トリの皮、ブタのモツ（ただしブタのモツは一度茹でたもの）を箸につまんで食べさせてみた。雄はフーッ、フーッと警戒して、うなりながらも近寄ってきて食べたが、雌のほうは寝箱に逃げて入り込んだまま出てこない。しかたなく、餌を入れておいて、離れてそっと双眼鏡で見ていると、こっそり出てきて、あたりを警戒しな

テンをにらみつけるヤマネコ

がら食べていた。彼らの好みを見ていると、ニワトリの頭が一番好きなようであった。次にニワトリの皮、ブタの茹でたのはおいしくないのか、口に入れてはみるものの、すぐに吐き出してしまう。しかし、そのままにしておいたら、空腹のためだろう、雄のほうは全部食べてしまっていたが、雌のほうはやはり少し残していた。雄と雌の性質の違いなのか、あるいは雄がすでに成長したネコであり、雌のほうは若いネコである違いのためなのか、そのどちらかわからないが、雄のほうがやや馴(な)れた感じで、私がそばにいっても、あまり逃げようとせずに、ただ、ときおり、私のほうをむいて、フーッ、フーッと威嚇をした。

午前中に中の箱ができてきた。箱の代金三六、八〇〇円であった。この中の箱は、雄と雌をそれぞれ入れた箱のまん中において、どちら側のほうの戸も開けられるようになっている。そこでまず、雄のほうの戸を開いて、雄の運動場を広く取ることにした。雄は新しい檻の中に、ちゅうちょなく入ってきた。雌が気になるとみえて、しきりに雌のほうの箱をのぞく。雌は依然として知らん顔して、反応しないが、ときおりは雌も出てきて、金網に立ち上がり、雄のほうをのぞくこともあった。

本日、太陽の光の中に、はじめて雄が出てきて、しばらくうろついていた。しかし雌は太陽を嫌うのか、とうとう出てこなかった。夕方、ニワトリの頭を二つずつ与えた。二頭とも、最初は食べない様子をしていたが、少し離れてよそのほうを見ていたら、そのすきに素早くくわえて、寝箱の中に持って帰り、カリカリと音をたてて食べていた。ネコの食べ方を見ると、非常に咀嚼が荒い。彼らの糞を見ても、トリの骨の大きいのが混じっている。そこへいくと、テンのほうは、非常に細かく噛みくだいて食べているようで、糞にはトリの骨が形のまま出るということは、ほとんどなかった。

イヌに対して少しも怖れず、威嚇もしない

四月一日（土曜日　くもり　飼育五日目）　午前中、雄、雌、出て、睦み合う様子を見せた。雄より雌のほうが食欲があるらしい。雌も雄同様、クルクルッとひっくり返って回転をして遊んでいた。午後、イリオモテヤマネコのことを聞いた人たちが、四、五人で見せてくれといってたずねてきた。私がつきそって見せたが、新顔の人たちのためか、ネコは寝箱に入り込んだまま、出てこようとしなかった。

四月二日（日曜日　夜雨、飼育六日目）　イヌとネコがかなり馴れてきた。雄ネコは私がトリの肉を箸でつまんでやると、箸から食べるようになった。トリの肝、トリの皮、ニワトリの頭などを与えた。小屋の中の糞の掃除をするために、ホースで水をかけるが、ネコたちは水をかけられても逃げようとしない。

四月三日（月曜日　午前中雨午後晴　飼育七日目）　夜明けに庭においてあるネコの小

屋をのぞいてみると、雨が降り込んでいるので、二頭とも出ていない。午後になって、雄が出てきた。雄は私にかなり馴れた様子を示したが、雌は私の姿を見ると、すぐ寝箱に走り込んでかくれる。

こちらが部屋に戻って、双眼鏡で観察していると、雄はしきりと金網ごしに雌にチョッカイをかけているが、雌は応じない。

この日は三時過ぎから外出して、十一時頃帰宅したので、十一時半になってから、ニワトリの頭を雌に五つ、雄に四つ与えた。だいぶ空腹だったとみえて、雄はただちに全部をくわえていった。ネコたちは外で食うことがなく、自分たちの寝箱の中に持ち込んで食べる。夜半、そっと見ると、二頭とも出てうろついている。イヌが接近しても、いっこうに怖れない。これはたしかにおもしろいことだと思った。

西表島には野犬がいない。猟犬も一頭か二頭で、ごく少数だから、ヤマネコたちはイヌというものを見たことがない。したがって彼らは、イヌがネコ仲間の敵であるとは感じていないのかもしれない。イヌはしきりに興奮して、ネコの小屋に鼻をくっつけて、ときには吠えたりしているが、そのそばまできて、ネコ特有の「背を丸くし、毛を逆立てて、フーッ

という うなり」も見せず、平気な顔をして見つめ、ときには、イヌの鼻にさわろうとさえする。この点は非常におもしろいと感じた。

四月四日（火曜日　雨のち晴　飼育八日目）　ネコは雄、雌とも食欲あり。雄は小屋の掃除に水をかけると、その中にとび出してくる。本日、雄ネコの寝ワラを、あまり汚れていたのでかき出した。雌はめったに姿を見せない。雄は顔を近寄せると、まだうなる。夕方、ニワトリの頭を四つずつと、トリの皮小量を与えた。雄はトリの皮が噛み切れずに、難渋して食べている。かなりの老猫であろうか。雌ネコのほうの動作は、まったくヒョウのようである。静かに足音もなく移動し、ゆっくり動いているかと思うと、驚くと、ピュッと瞬間に寝箱の中に消える。まだ、なき声を発したことがない。どういうふうに啼くのであろうか。土地の人の話では、ふつうの飼いネコのようにニャーンとなくということだったが、ゴロゴロゴロという飼いネコの、のどをならす声もさせない。雄ネコが床を歩くとき、足から少し爪が出ていて、これがトタンの上を歩く時に音をさせる。こういうところが飼いネコと違うように思われる。

四月六日(木曜日　晴　飼育十日目)　きょうは、餌を少し変えて、トリのスナギモと並みモツ、それにワカサギを与えてみた。雄、雌とも箸より食べる。フウフウと威嚇しなくなった。少しは馴れたのであろうか。雄のほうはトリよりも魚のほうが好きなようで、ワカサギにしきりにむしゃぶりつく。雌のほうはワカサギを食べない。これはどういうわけだろうか。雄のほうはマングローブ地帯にいて、カニや魚を取って食べ、雌のほうは山のほうにいて、ネズミや小鳥を取って食べていたからであろうか。

夜半、起きて、そっと小屋に近づくと、カタカタと爪の音をさせて雄ネコのほうが歩いていた。

顔を洗うしぐさは家ネコと同じである

四月七日（金曜日　晴　飼育十一日目）　朝早く起きてみると、雄のほうの餌はきれいになくなっていたが、雌のほうは魚をそのまま残している。雌のほうの糞を調べたら、多数のワラがまざっていた。腸の中に寄生虫がいるためなのだろうか。昼間はほとんど姿を見せない。雄はときおり出てくる。この日も、スナギモ、皮を少しと、ニワトリの頭四つずつを両方に与えた。きょうは四月には珍しく寒いために、夜は小屋に自動車のシートをかけた。

四月八日（土曜日　くもりのち雨　飼育十二日目）

朝起きてみると、雄のほうが下痢をしている。魚を食わせたためであろうか。また、雌のほうは糞をしていない。夕方、国立博物館の小原技官と日本哺乳

太陽の光の中に出てくる

動物学会員でツシマヤマネコをたくさん飼育している那波昭義氏が見にきたので、餌として、ニワトリの頭五つずつ、牛のレバー、ニワトリのスナギモなどを与えた。雄、雌ともに箸から取って食べたが、小原、那波両氏に対しては、まだ馴れていないので、フッ、フッとうなった。那波氏より、ネコの寄生虫について、いろいろと教えてもらった。虫下しのことも聞く。また、保温のことなども注意を受けた。この日も非常に寒いので、シートをかけてやった。おそくなってから、雨が降り出した。シートをかけたものの、心配でならないので、ときどきのぞいてみた。雄の下痢はまだ直らないようである。

四月九日（日曜日　雨　寒し　飼育十三日目）朝起きてニュースを聞くと、日光に雪が降ったという。寒いわけである。びっくりしてネコの箱をのぞくと、どうやらネコたちはカゼをひいたらしい。鼻水をたらしている。そこでネコを子供部屋に移すことにして、箱を掃除した。

昨夜の寒さのためか、雄のほうが食欲があまりなく、与えた肉片も三切れを残している。昼間、山と渓谷社から撮影にきたので、二時半頃、肉とレバーを与えてみたが、喜んで食

物音や人の動きに敏感である

べようとしない。雌のほうは、まるっきり食べにこない。もっとも、肉を入れたままにしておいたら、朝になってみたら、きれいに食べていた。

雄のほうはすぐそばまできて、金網に鼻を突き出して、箸からもらう。手を出して、とらえようともする。この調子だと、私の手からもらって食べるのも、もうすぐだろうと思うと楽しみだが、食欲の少ないのが心配でもあった。ただし、夕方になってからは鼻水もたれなくなり、カゼも直ったようである。

四月十日（月曜日　雨　飼育十四日目）　一晩、室内においたが、変化がない。カゼらしくもないので、庭へ戻すことにした。その実、ネコを部屋においておくと、部屋が臭くなるということで、子供たちの猛反撃を受けたからでもあった。防寒用として、セーターの古いもの、ネルなどを寝箱の中に入れてやった。食欲があまりなく、出てこない。運動不足が心配である。そこで、きょうは夕方、奮発をして、ウズラを一羽ずつ買ってきて、これを丸ごと食べさせてやった。

四月十一日（火曜日　くもり　飼育十五日目）　朝見ると、雌のほうがセーターを寝箱の外に放り出している。雄のほうは、やや下痢便のようである。気がかりだが、山形へ出張する用があったので、私は留守のことを、私の仕事の手伝いをしてくれている上村君という青年にまかせて汽車に乗った。

寒さが続き、温風器をかけてやる

四月十二日（水曜日　くもり　寒し　飼育十六日目）　山形地方は快晴だが、東京はくもりだという。気温も低いということなので、心配で東京へ電話をした。雌ネコは活発に出るようになり、この夜は一声ないたということである。ニャーンというなき声ではなく、妙な、しかし、ネコとわかる声だったという。この日夕方、飼いイヌが遊びにきたスズメを取ったので、それを雌のほうにやったら、食べたという。このほかに、それぞれに、ニワトリの頭四つずつを与えたという報告。

四月十三日（木曜日　くもり　飼育十七日目）　昼すぎに山形から戻った。きょうも寒いようなら、と赤外線ランプを買いに行くことにしていたら、夕方になって気温が平常に戻ったので、ランプは買わなかった。

四月十四日（金曜日　くもり　飼育十八日目）　このところ、前線が停滞して、肌寒い日が続くが、ネコはいたって元気で、与えたニワトリの頭を余さず食べる。糞も良好である。雌のほうが元気がよく、さかんに出てきて、檻に立ち上がったりする。雄のほうは、この前、写真撮影のために別の箱に入れたことにこりてか、警戒をして、あまり出てこようとはしない。食欲はあるが、鼻水をたらして、ややカゼ気味である。

四月十五日（土曜日　くもりときどき雨　飼育十九日目）　寒さが続くので、那波氏に電話をして、保温の対策について意見を聞く。家禽用の保温シートがいいだろうということで、買いにいくも、東京ではすぐには手に入らないので注文をし、この日はしかたなく、箱に自動車シートをかけ、私の温風器を持っていって保温をした。栄養価のあるものをと考えて、ブタの腎臓とモツ若干、ニワトリの頭四つずつをそれぞれに与えた。食欲がさかんである。この日は私の誕生日でもあるので、奮発して、ウズラを雄、雌に与えたら、喜んできれいに平らげた。やはり、丸のままが一番すきなようである。

四月十六日（日曜日　雨のち雪　飼育二十日目）　寒さ続く。温風器をずっとかけっ放

2週間過ぎるころより、ようやく慣れはじめ、箸から肉片をもらって食べるようになった

しにしておいた。雌は、相変らずセーターを放り出して、寝箱のふたの上に乗って寝ている。雄、雌、ともに食欲があるのが安心だ。夜になってそっとのぞいてみると、雄、雌とも温風器のそばに寄ってきて暖まっていた。カゼはほとんど直ったらしく、鼻水はたらしていない。きょう夕方、新宿の栃木屋へいって、シカの肉をもらってきた。これにブタのマメと、ニワトリの頭三つずつとをいっしょにして与えた。雌は私が餌をやっても近寄らず、じっとみつめていたが、雄はすぐ出てきて、箸よりもらって食べた。シートをしめて、温風器をかけて、部屋に戻った。夜半より、雨は雪に変わった。サクラが散ってあとの降

雪は気象庁始まって以来、はじめてのことというが、ネコはいたって元気で、さほど寒さに弱ったものとも思われない。

四月十七日（月曜日　朝雨夕方晴　飼育二十一日目）　朝起きてみると、ネコはいたって元気である。この朝早く、二声ないたと、上村君が報告をしてきた。この日も寒いので一日中、シートをおろし、温風器をかけ続けた。ニワトリの頭四つと、シカの肉を与える。夜半にのぞいてみると、今度は雄のほうが、ネルを放り出して眠っていた。

四月十八日（火曜日　くもり　薄日　飼育二十二日目）　朝のうちに、太陽が久しぶりに照ったが、十時頃になると、薄ぐもりとなってしまった。雄、雌とも、寝箱より顔を見せて、警戒した様子もなく、箱の中を水で洗うと、出てきて、水にぬれて、それを喜んでいるようである。雄はブラシにじゃれつくようにさえなった。けさ、気温も上がったので、シートをはずす。雄と雌は金網ごしに、面（つら）を突き合わせていた。カゼはまったく直ったようだ。食餌も完全に食べつくしている。肉の場合の糞はやや柔く、レバーやマメの場合は床にねばりつく。ニワトリの頭だけのときは、コロコロに固くなっているので、適当に配分して餌を与える必要がある。雌はしきりと出てきて、雄の気配をうかがっていた。

四月十九日(水曜日　くもり　飼育二十三日目)　くもり日だが寒くはない。午前中、雄、雌、出てきて、金網ごしにじゃれあっていたものの、雄のほうがややカゼ気味らしいので、シートをかけて、温風器をかけてやる。食餌はよく食べていた。雌は出てきて、雄のほうに行きたい様子をするが、雄は寝箱から出てこずに引きこもっている。この夜は餌の量を少し減らして、ニワトリの頭二つと、レバー百グラムだけを与えた。

四月二十日 (木曜日　晴　飼育二十四日目)　午前中低気圧の通過で、小暴風の様子だったが、午後から雨がやみ、晴れてきたので、シートを取りはずす。雄は元気になり、今度は雌のほうが鼻をぐずつかせているので、動物愛護協会から、念のためにと、ズルファ剤とマタタビをもらってきたが、投薬はしなかった。なるべく、野生動物には薬を与えないほうがいいと思ったからで、レバー百グラムと、ニワトリの頭四つを与えた。

四月二十一日（金曜日　快晴　飼育二十五日目）　この日、気温がぐんぐん上がった。あしたは国立科学博物館で、第八十六回日本哺乳動物学会例会が行われることになっている。この例会では、小原技官がイリオモテヤマネコの購入までのいきさつを報告し、私が飼育して一カ月間の記録を話し、今泉博士がイリオモテヤマネコと南アメリカ産のネコとの関係について講演することになっていた。なお、この日ははじめて、イリオモテヤマネコを会場に運んで、会員に見てもらうことにしていたので、どちらのほうを持参しようかと見比べた。雌のほうが元気で外に出ているので、明日の学会には雌を持っていくことにして、中箱に追い込んだ。なかなか入らないのではないかと思ったが、すなおに入った。そこで写真撮影などをして、ウズラをそれぞれ一羽ずつ与えた。丸のままのウズラは好物だとみえて、私が見ていても、その前で平気でバリバリと食べる。雄のほうは空腹らしく、ウズラを一羽マルマル食べたあとで、ニワトリの頭を二つ食べた。雌は半分だけ食べて、あとは残した。食事のあとで、雌ネコのほうは水を飲んだが、このネコが水を飲む姿ははじめて見せたものである。それから、雌ネコは、雄ネコのほうへいきたがる様子を示した。

展示されたイリオモテヤマネコに見入る学会員

本日でネコたちが琉球から送られてきて一カ月目である。この調子なら、どうやら飼育は成功するようである。

四月二十二日（土曜日　晴　飼育二十六日目）　幸いにこの日は天気がいい。雄、雌ともに元気である。カゼもすっかり直っている。雄ネコのほうも気持ちがいいのか、寝箱から出てきて遊んでいた。きょうは日本哺乳動物学会にネコを見せることになっていたので、早めに雌のほうを博物館のトラックに乗せて運んだ。会場に着いたとき、自動車に酔って、すっかり元気をなくしていた。イリオモテヤマネコを見ようとほとんど全会員が出席して、ネコのまわりに集まって感嘆をした。夕方、寒くなった。戻ってから、上村君ともとの箱に移し、温風器をかけてやった。この日も、ウズラを一羽とマメ一五〇グラム、ニワトリの頭二つを与えた。雄、雌とも空腹なのか、最近は食いつきがよい。

四月二十四日（月曜日　晴　飼育二十八日目）　野生の動物は、餌をとらえたときは飽食するが、ないときは絶食をすることもあり、一定して食べていないので、このヤマネコたちにも、そうした餌の与え方が必要だと思い、昨夜の餌は、ほんの少しにしておいた。そのほうが健康だともいう。はたして、けさ見ると、健便である。それで、この日は夜は飽食させようと思い、ニワトリの頭、それぞれ六つと、ニワトリの首、雄に三本、雌に二本、スナギモ五〇グラムを与えてみた。雄は空腹だったとみえて、すぐに食べ、箸に食いつく。そして、箸を餌だと思ったのか、離さず、噛みついたまま、箸を私の手からうばい去ってしまった。雌のほうは、見学者がこの日きたためか、食べず、首をくわえたままでウロウロしていた。この夜、温風器をかける。

カゼ気味の雄に、ズルファ剤を飲ます

四月二十七日（木曜日　晴　飼育三十一日目）　雄のネコ、カゼをひいたらしく鼻汁をたらしている。昼もあまり出てこない。ぐあいが悪いらしいので、少し違った餌を与えてみようと思い、マグロを与えてみた。雄、雌とも、喜んで食べる。人間に飼育されて、食性に変化をきたすか否かを試すために、黒パンを与えてみた。これには雄は見向きもしなかったが、雌のほうは、少しかじっていた。

四月二十八日（金曜日　飼育三十二日目）　雄のほうが鼻水をたらしている。しかし、餌は全部食べているので、心配はなさそうである。この日は風が強いので、シートをかけ、温風器をかけてやる。島にいたときはリュウキュウイノシシの子供をとって食べることもあるといわれているので、どんなものかと思って、イノシシの肉をもらってきて、トリのキモといっしょに与えてみた。よく食べた。

五月一日（月曜日　半晴　飼育三十五日目）　低気圧が接近し、晴れたり、くもったり、ときどき雨がきたりといった天気。気温はきのうより高いが、風が強い。朝見ると、雄の寝箱にウジがわいていた。食べ残した肉にわいたものらしい。フマキラーでこれを殺し、あと、きれいに清掃をしておいた。雄のほうは箱の上蓋（ぶた）に上がって糞（ふん）をするくせがあるようである。雌にはそれがない。山にいるとき、岩の上にするくせがそのまま残っているのだろうか。

五月二日（火曜日　くもり　飼育三十六日目）　朝、雄、雌出てきて、網ごしに話し合うもののもようである。この十日ほど前から、脱毛が少しある。毛変りかと思えるも、ほんの少しが床にこびりつくぐらいで、イヌのようにはっきりとした脱毛ではない。夕方、少し大量にマグロのアラ、トリのモツ、手羽、さしみなどを与えてみる。雌のほうは腹いっぱい食べ、ニワトリの頭をとって、放り投げたり、拾ったりしていて、もてあそぶ。こういったところは飼いネコとまったく同じ習性のようである。この夜、シートをかけず。

五月四日（木曜日、晴　飼育三十八日目）　朝見ると、雄のほうが鼻水とよだれをたらして大儀そうである。動物愛護協会へ行って、ズルファ剤をもらってきて、はじめて雄に与えてみた。粉薬を肉につけて小量与えただけだが、食いつきは悪くはない。雌のほうは満腹のためか、ニワトリの頭をくわえて遊ぶだけで食べようとしない。夜、シートをかけてやった。

五月五日（金曜日　晴　飼育三十九日目）　雄ネコのほうが、朝、寝箱から出てこない。掃除をすると出てきたので、中箱に入れて、隔離し、ウジがわいて仕方がないので雄の箱を改良することにした。すのこに板を張って、食い残しの肉が下に落ちて、ウジがわかないようにしてやった。たて板の一部をはずして、中箱を風通しよく、採光をよくした。雄の糞（ふん）の中に回虫のようなものがまじっているのを発見した。さっそく、東大の獣医学科に連絡をする。また寝ワラを入れてやった。この日、雄の体に、私ははじめて指で触れてみた。二度触れてみたが、二度とも牙をむき出して、フーッとうなるが、てむかおうとはしなかった。爪は、特に後足のものが引っこまないようである。水に平気で、イヌを怖（おそ）れないところも、ふつうのネコと違っているし、太陽の明るいところに出ても、普通の飼いネコのように、眼の瞳孔が細くならない。楕円形のまま開いている。こういったところも違うようである。ためしに、イヌの寝ワラを入れてやった。イヌの臭いがするので警戒するかと思って見ていたが、平気でその中にもぐって寝ていた。

五月六日（土曜日　晴夜雨　飼育四十日目）　雄、雌とも下痢便なり。元気はある。雄のカゼは治った様子であるが、雌の糞にワラがまざっている。腹ぐあいが悪いからか、雄、雌ともにニワトリの頭を与えず、マグロとマメと、柔かいものを少々与えた。

五月七日（日曜日　雨　飼育四十一日目）　下痢便に、粘液性のものがまじっていた。雄、雌ともに元気がある。雄は糞のくせが悪く、寝箱の中で、あるいは箱のふたの上で糞をするくせがなおらない。けさ、見ると、雄も雌もともにワラを放り出していた。夕方、餌にマグロとニワトリの頭三つをそれぞれ与える。マグロには下痢止めの意味でビオフェルミン一錠を粉にして、ぬって与えた。雄はビオフェルミンがぬられていてもかまわずに食べたが、雌のほうは見ている前ではなかなか食べなかった。

五月八日（月曜日　晴　飼育四十二日目）　雌のほうは元気だが、あまり食欲がなく、ニワトリの頭二つを残していた。その一つを雄に与えたら、喜んで食べた。糞はまだ柔かである。雄と雌は金網ごしに鼻を突き合わせて、おたがいに警戒する気配がない。このぶんだと、いっしょにしても、よいのではなかろうかと思った。夕方、好物だからウズラを買ってきて、それぞれ一羽、それにマグロの血合とブタのマメ一つを与えた。雄は喜んで、たくましく食べたが、雌はいやいや食うような様子を見せた。ビオフェルミンをぬってあったためだろうか。二日ほど前に、ハエやウジをわかせないために、フマキラーを小屋の中に噴霧しておいたが、それがあたったのであろうか。

下痢便状態がしばらく続く

五月九日（火曜日　くもり　飼育四十三日目）　朝見ると、雄、雌ともに元気はあるも、両方とも、糞（ふん）は依然として柔かい。食物のためだろうか、ビオフェルミンではどうも効果がないみたいだ。雌の糞にはワラがまじっており、雄の糞には毛がまざっている。これは

ファーッと威嚇する顔はヤマネコの迫力十分である

寄生虫のためかもしれないと思い、寄生虫検査のために検便をしてもらうことにして、糞を採取した。この日、文部省と、ヤマネコ飼育についての取り決め書を交換した。

五月十一日（木曜日　雨　飼育四十五日目）　雄のほう、水のような下痢便を流している。小原氏から電話があった。小原氏を通じて検便を依頼しておいたのである。その結果がわかったということで、その検便の結果、雄、雌、ともに四種の寄生虫があり、これまた非常に変わっているという。寄生虫の新種かと笑い合った。特に雌に寄生虫が多いということで、いま一度、検便したいということであった。しかし、さすがは野生のけもので、雄、雌ともに元気でうろついている。寄生虫が急増すると、ネコの体が衰えて死亡することがあるので、早急にこの対策をたてたいと考えた。

この日、朝日新聞の夕刊に、私の中間報告とでもいうべき「ヤマネコと私」という記事が掲載されたので、ここに収録しておこう。

『先日、文芸家協会のパーティーにいったら、「珍しいヤマネコを飼っているんだって？一口にいって、どこが違うのかね？」という質問を数人の人から受けた。一口にといわれても困る。学問的にいえば、いろいろの点が他のヤマネコと違っている。もちろん、飼ネコとはまったく異なるのだから……。そこで、ヤマネコというのは、飼いネコの野生化したものとはぜんぜん違う。先祖代々の野生ネコで、いうなれば原始型のネコなんだが、いま私が飼育しているイリオモテヤマネコは、その原始的なヤマネコのうちでも、最も原始型に属する、つまり、ヤマネコの祖先といってもよいやつなんだよと答えた。相手は、ハハーンと、わかったようなわからないような返事をした。

四月下旬、上野の国立科学博物館で日本哺乳動物学会が開かれたので、私は飼育している一つがいのうち、雌のほうを持っていって、会員に展示した。この席上、イリオモテヤマネコについて研究を続けている今泉吉典博士が、世界のヤマネコ類を比較した結果を報告し、単に新種であるというだけでなく、どのヤマネコ属にも入らないので、あらたに一属を設けて、マヤイルルス属のイリオモテヤマネコと命名したと発表した。

博士によると、世界にいるヤマネコは種類も多く、その分布はアフリカからヨーロッパ、アジア、北米、南米と、ほとんど全世界に広がっているが、それぞれの種や、その生息する地域によって、特徴を示している。アジアのヤマネコはアジア大陸から朝鮮半島、台湾、ボルネオ、スマトラと生息していて類似点を持っている。日本では対馬にいるツシマヤマネコが知られているが、これはあきらかにチョウセンヤマネコの流れをくむものであり、台湾のは南方系のヤマネコの影響を受けている。こうしたアジアのヤマネコ仲間に囲まれていながら、琉球南端の西表島に住むイリオモテヤマネコだけが、どれにも属せず、また影響も受けていない。それだけでなく、かえって遠く離れた南米チリーの山岳地帯に住むコドコドというチリーヤマネコと類似点が多いということは、まことに興味深い。

おそらく、この両者は、ヤマネコが地球上に姿をあらわした頃の、最も原始的なネコであって（今泉博士は骨格や形態上から、種々立証した。）早い頃に他と隔絶した環境に追い込まれ、しかも、生活の上ではたいした変化が加えられなかったので、シーラカンスのように、昔のままの、あるいはそれに近い形を残し、他の地域のヤマネコが、どんどん進化して、今日のような形になったのにひきかえ、取り残されて、原始型を保っているのであろう。奄美に住むアマミノクロウサギと同じ〝生ける化石〟と称してもよいというのだった。

琉球政府では、今度、これを天然記念物に指定したというから、今後は簡単には入手できないだろう。私はこの雄、雌ひとつがいのヤマネコをなんとか交配させて繁殖してみたいと考えているが、はたして、うまくいくかどうか。

幸いにネコたちは食欲も旺盛で、しごく元気。私のところにきて、約一カ月になったので、環境にも慣れてきたようだ。きた当時の警戒心もかなり薄れたようで、はじめの頃は私の顔さえ見れば牙をむき出し、フーッと威嚇をしていたのが、近頃では手から餌をもらって食べ、掃除のブラシにじゃれつくようになった。

野生動物というのは、なかなか馴(な)れない。それだけに馴れてくれれば、かわいさはまた格別で、それこそ、ネコッかわいがりしたいところだが、なかなか、相手はそこまで、こっちの誘いにのってくれない。

ネコの眼は明るいところでは糸のように細くなるというが、このネコの瞳孔は、ある程度までしか細くならない。つまり、絞りがきかないのだ。爪も飼いネコのように、完全に爪ザヤの中に入らず、少し露出している。今泉博士に聞くと、そういうところも、原始型の大きな特徴だそうだ。水浴びを好み、イヌを怖れず、ほとんどなかないし、ゴロゴロとのどもならさない。動作はネコというより、小さなヒョウといった感じである。とにかく、たしかに異色のネコに違いない』

五月十二日（金曜日　晴　飼育四十六日目）　気温が上がった。雄、雌とも元気で、雄の便もよくなった。雌のほうはしていない。夜になって、琉球大学の高良博士と科学博物館の今泉博士とがたずねてきた。高良博士が久しぶりで上京したので、ネコを見におとずれたのである。両博士の見ている前で餌を与えてみた。雄、雌ともよく食う。雄は少しカゼ気味にて、鼻水を少したらしていたが、それでもトリの頭を三つ、ブタのマメ、魚を食べ、雌のほうはトリの頭一つ、マメを食べた。魚もやったけれども、雌のほうは食べなかった。

五月十六日（火曜日　晴　飼育五十日目）　雄、雌とも便の状態がよくなった。もう一度、徹底的に寄生虫の検査をしてもらうために、採便をして、小原氏にたのんで検便をしてもらった。しかし、その日は検便者が休みのためにだめだということであった。雄、雌とも出て、網ごしに面を突き合わせている。駆虫の結果をみて、よければ、いっしょにしてみようかと思う。発情しているかと思い金棒を網の間から突っ込んで、尾を上げて性器を見たが怒らなかった。

五月十七日（水曜日　半晴　飼育五十一日目）　雄、雌ともきれいに食べ、糞（ふん）も良好である。そこで便を取って検査にまわした。このところ、殺虫剤を使って、ハエやウジを殺して清潔にする。ただし、前にこりて、檻（おり）の中には薬はまかなかった。

歩行中も爪がはっきり出ている

五月十九日(金曜日　晴　飼育五十三日目)　雄、元気になるも、雌、はなはだしい下痢便にて、水状の便をしている。どうもネコはカゼと寄生虫に弱いようだ。この日は一日三度雌の小屋の中を洗った。元気はあって、人を見ては威嚇するも、寝箱からは出てこようとしない。夕方、雄のほうはニワトリの頭三つ、ブタのマメ二つ、トリの皮などを食べた。ものすごく元気で、網の間から手を出して、箸にはさんだものを少しでも早くうばおうとし、ひっかくので、手の甲を傷つけられた。雌にはビオフェルミン二錠をすりつぶして、トリモツにぬって四切れほど与えたが、臭いをかいで食べず、そのまま捨ててしまった。しばらくは食わなかったが、十時頃、そっとのぞいてみたら、空腹に耐えかねて食べたらしくて、モツはなくなっていた。

五月二十日（土曜日　晴　飼育五十四日目）　朝六時に起きて、調べてみた。雌の便はやや固まっているものの、まだ下痢状である。本日は餌をすこしにする必要があると思った。昨夜、夜半に観察したところでは、雄と雌は金網ごしに、向かいあってすわっていた。きょうもまた、雌にモツ少量にビオフェルミンをまぶして与えた。本日で東京へきてから、満二カ月めになる。

五月二十六日（金曜日　晴　飼育六十日目）　科学博物館の小原氏より電話があって、東大獣医学科にて検便中のヤマネコの寄生虫は、目下、培養試験中であるから、もう少し待ってほしいといってくる。雄の便はきわめて良好。ニワトリの頭四、マメ一、ニワトリの皮少量を与える。雌はニワトリの頭二、マメ一、ニワトリの皮を与える。雌はこの頃、極端に臆病になった。少女期を脱して、青年期に入ろうとするための変化かもしれない。

カメラ持参でヤマネコを取材にきた人たち

五月二十八日（日曜日　晴　飼育六十二日目）

朝見るに、雄、昨夜与えしニワトリの首四本、食わずにそのままおいている。それに血がまじっている。下痢がひどく水溶液状態である。それに血がまじっている。レバーにビオフェルミン三粒をまぶして与えるも、食べようとしない。心配のために那波氏に電話をして相談した。雌は逆にこの頃健康便で、空腹とみえて、しきりに食べる。

五月三十一日（水曜日　晴　風あるも暑し　飼育六十五日目）　雄、雌とも、便、柔きも良好と思われる。糞の中に毛、大いにまじる。毛糞は食物のためではなくて、自分の毛を飲み込むためであろうか。ネコたちを飼ってから、毛のついた食物をやったことはないのだから、おそらく、この毛は自分の毛に違いない。新宿駅屋上で飼ネコを売っているのを見たことがあったが、やはり、毛糞をしているものがあった。ただし、その毛糞はヤマネコほどではなかった。この日、ブタのマメ、トリの皮などを与えた。

餌を見せるとクウ、クウとなくようになる

六月一日（木曜日　晴　飼育六十六日目）　気温が上がったために、雄ネコはながながと箱の中にのびて寝ている。本日、動物園の人がきて、イリオモテヤマネコの特集をし、各国の動物園に送ることになったという。また、今泉博士の論文が完成して、各学会にも送ることになったという報告を受けた。夜、ニワトリのモモ一本、ブタのマメ一つを与えた。雄のほうがニャーンと一声ないた。そこで餌を与えながら話かけると、クウ、クウ、クウと、うなるように三度こたえる。雄、雌ともマメのほうが好きらしく、先にそのほうから食べた。

六月六日（火曜日　くもり　飼育七十一日目）　雄、固い便、雌、良便である。朝、博物館の小原氏が便をもらいにやってきた。あとから電話があって、検査の結果、雄、雌ともに糞（ふん）に線虫がまじっていたという。雄のほうに多くいたということであった。この頃、雄、雌ともに餌を見せると、クウ、クウ、クウとなくようになった。

六月七日（水曜日　晴　飼育七十二日目）　顔を檻（おり）に近づけると、雌がうなった。ハエがいっぱい入っているので、フマキラーで、ハエの駆除を行った。フマキラーが顔にかかったが、イヌのようにくしゃみもしないで、反応がまったくなかった。ふしぎなネコである。

六月九日（金曜日　雨　飼育七十四日目）　このところ、二日ほど寒冷のために雄が少し鼻水を出しているが、雌のほうは平気である。ともに元気はあって、便の状態もいい。雄の顔の毛が抜けて、ハゲが生じている。金網にこすりつけるためか。雄、夕方五時、腹を減らして、クウ、クウ、クウとなっているので、ニワトリの首一本を与えるが、がっつくようにして食べた。そこでさらに雄にニワトリの首二本、ニワトリの頭を三つ、なまカレイ一匹の半分を与えた。雌にはなまカレイの残りの半分と、ニワトリの首二本、ニワトリの頭一つをやった。雌はニワトリの首、ニワトリの頭をもてあそんで、ちょうど、飼いネコがタマをとるようにして遊んでいる。雄のほうはタマをとることなく、ガツガツとして、全部食べてしまった。雌のほうは、ニワトリの頭だけを残した。

六月十日（土曜日　雨のちくもり　飼育七十五日目）　朝早く起きてみると、食物はきれいに食べて、雄のほうはコロコロの糞をしている。雌のほうの糞も状態がいい。よく見ると、雄のハゲのほかに、雌も少し脱毛している。原因を調べるに、金網や板戸をこすりつけるためにこうなったらしい。金網や板戸に毛が少しくっついていた。元気よく、夜食は十一時半に与えた。そのとき、雄は立ち上がって、金網から手を出して、早くうばおうとする。雌も出てきて、ブタのマメに食いついた。

六月十三日（火曜日　晴　飼育七十八日目）　雄、雌とも、便の状態がよく、夕方、空腹らしいので、まず雄のほうに小アジを一匹、マグロの血合のところ、ブタのマメ一つ、

餌を見せるとクウ、クウとなくようになる

ニワトリの頭三つ、首一本を与えた。雄のほうには、ブタのマメ一つ、マグロの血合の部分一切れ、ニワトリの頭一つ、ニワトリの首二本を与えた。雄のほうはどうも魚が好きらしくて、アジを喜んで食べた。雌はあまり魚を好まないようである。

六月十四日（水曜日　晴　飼育七十九日目）朝起きてみると、雄のほうがゆうべ食べた食物を、皆吐いていた。こんなことははじめてである。雌のほうはマグロの血合だけを残していた。両方とも元気はある。きっと食べ過ぎだろうと思う。よって、食事はこの日は夕方六時、マメ一つだけを与えて制限をした。雄のほうはがっついて食べていた。

六月十六日（金曜日　半晴　飼育八十一日目）　雄のほう、食事のときが待ち遠しいらしく、網の目から手を出して、箸にはさんだモツを取ろうとして、私の手をひっかいた。傷はたいしたことはないと思ったが、案外に深い。あわてて消毒した。

六月十七日（土曜日　くもりときどき雨　飼育八十二日目）　雄、雌とも元気よく、糞の状態もいい。この日の食餌は、ニワトリの首を雄に三本、頭三つ、雌には首を二本、ブタのマメ一つ、頭一つを与えた。夜になってから気温が上昇したので、雄ははじめて寝箱から出てきて運動場の金属製の板の上にながながと寝る。やはり、暑いからであろう。

六月二十日（火曜日　くもり　飼育八十五日目）　雄の便、良好、雌のほう、少し軟便なり。夜、雑誌社のカメラマンがきて、ネコを写すといって、フラッシュをたいた。フラッシュに対して、雄も雌も、ともに反応を示さなかった。くず肉、ニワトリの首一本、頭、雄に三つ、雌に一つを与えた。うなりながら、網といっしょにひっかこうとする。

TVが夜間のヤマネコを撮影にくる

六月二十二日（水曜日　くもり　飼育八十六日目）　雄は昼間も出て歩くが、雌は警戒深いので、昨夜のフラッシュの影響か出てこようとしない。しかし、元気はあり、夜もふつうに食事をした。

六月二十三日（金曜日　雨のちくもり　飼育八十八日目）　雌のほうは、近頃、ややおびえている気味がある。夕方、雄は食餌を喜び、肉を入れた皿を持って近寄っただけで、グウ、グウとうなる。雄は昼間もよく出てきて、太陽の当たるところを歩いているが、雌は寝箱にひっこんだまま、ほとんど出て来ない。夜だけ出てきているようである。雄にニワトリの頭三つ、首二本、鶏肉少々、ブタのマメ一つを与え、雌にニワトリの頭二つ、首二本、鶏肉少々、ブタのマメ一つを与える。雄は食欲がよくて、ガツガツと食べ始めるが、雌は食べず、しばらくそれを持って、タマをとって遊ぶようである。私の見ている前ではほとんど口にしないが、朝見ると、全部平げている。きっと、夜中に食べているのであろう。

雄が再びビールス性のカゼをひく

六月二十六日(月曜日　晴　飼育九十一日目)　雄、雌とも食欲があって、元気だったが、夕方から雄のほうが眼が悪くなった。夕食に首二本、トリの皮、生魚（カレイ）、ブタのマメ一つを与える。雄は待ちかねたようにして、喜んで全部を食べた。雌には首二本、マメ一つ、皮少々を与えた。夜中十二時にそっとのぞいてみたが、出てきていないので気になり、庭におりてネコの小屋をのぞいてみると、雄は涙を多量にこぼし、鼻水をたらし、口から呼吸をしている。どうも苦しげな様子である。二度目の危機のようだ。雌のほうはいたって元気のようだ。便を見ると、コロ便と下痢便がまじっている。魚を与えると、下痢や吐く体質のようだ。体に合わないのだろうか。ただ、雄のほうには食欲があるのがなによりのたのみだけれども、とにかく心配である。風よけにシートをかけてやった。

六月二十七日（火曜日　晴　飼育九十二日目）　朝早く起きてみると、昨夜よりは少しは楽になったらしく、雄は鼻から呼吸をしている。ただ涙は依然として流し、目はショボショボさせている。夕方、ニワトリのキモに薬をぬって与えた。食べたい様子を見せるが、味が変なのか、食べようとしない。なめるだけである。夜十時頃、マメ一つ、ニワトリのキモ三切れをやった。十二時頃のぞいてみると、下痢便をして、キモ一つを残していた。呼吸のほうは楽なようである。

六月二十八日（水曜日　くもり　飼育九十三日目）　前夜半より風が強くなり、気温が下がって涼しい。朝起きてみると、雄ネコは中箱に入ってふくらんでいた。雄ネコの箱にはシートをかけていたので、風に当たりたいらしい。きっと熱があるのだろう。毛がけばだって依然として涙を流している。呼吸は楽なようだが、どうも動きが大儀そうである。心配なので、動物愛護病院の前川院長に相談をしたところ、テンパーではなくて、ビールス性のカゼであろうということで、アクロマイシンを投薬することにした。ニワトリのキモにぬって与えたら、腹が減っていたとみえて、全部食べた。

夜、会合があったので出かけ、帰宅してみると、少しよくなっている様子である。雌にこの病気が伝染してはいけないので、中箱のところをふさぎ、雌ネコの箱を離して隔離しておいた。この日、雄はニワトリのキモ二百グラムに、ブタのキモ一切れを食べた。雌のほうは、ブタのキモ、くず肉、ニワトリの頭などを食べさせた。

六月二十九日（木曜日　晴　飼育九十四日目）　朝見ると、雄の呼吸が平常に戻ったようである。でも、まだ目はショボショボさせている。きょうも薬をやる必要があると思った。雌のほうは寝箱から出てきて、私がそばにいったが逃げようとしない。しきりにフッ、フッと牙をむいて威嚇している。珍しいことである。雌は雄の病気を気にする様子で、網をとおして、隣の雄の箱をしきりとうかがっている。

午後、動物愛護病院の前川院長がきてくれた。やはりこれはビールスによるカゼでしょうという診断だった。吐き気がなければ、まあ、大丈夫でしょうという。なにしろヤマネ

カゼ気味で少しばかり元気がない

コのことなので、ふつうのネコのようにひざに抱き上げて診察できないのが難である。ブタのマメ一つ、ニワトリのキモなどに薬をぬって与えた。骨つきのニワトリの手羽の部分をやってみたが、これを喜んで食べた。食欲があるのが唯一のたのみである。雌ネコのほうはいたって元気であった。

六月三十日（金曜日　くもり　飼育九十五日目）　今朝がたはひどく寒かったせいか、雄ネコの病状がふたたび悪化した。目を開けておられない様子で、閉じたままである。鼻の穴も鼻汁がつまって、口で呼吸をしている。寝箱の屋根に乗って、じっとふくらんでいる。雌のほうは人なつっこくなったようである。この日の夕方、最初のイリオモテヤマネコの頭骨発見の時の協力者であった親富祖善繁さんが突然にやってきた。東京へ用があって出てきたのだという。薬をぬったブタのマメとニワトリのキモ、ニワトリの頭一つを親富祖さんと共に与えてみたが、食欲はあるらしいが食べるところまでいかない。ただ、心細いのだろうか、私がそばによって、マヤヤ、マヤヤと声をかけてやると、私の顔を見て、ミャーンと一声ないた。夜中におそく見にいくと、ようやく食欲が出たのか、食べていた。雌のほうは、いたって元気である。両方の小屋に風が当たらないよう、シートをかけてやった。

七月一日（土曜日　半晴　飼育九十六日目）　雄、雌ともに下痢便である。雌は食べすぎのためであろうか。雄は相変らず具合が悪く、きのうよりか、いくぶんは楽になったとみえる程度である。夕方、トリのキモを少量、それに薬をぬって雄に与えた。この時も、雄はミャーンとないた。雌もこの日は餌をごく少量にして、腹をすかせることにした。雄のほうの小屋にはシートをかけてやった。

七月二日（日曜日　くもり　飼育九十七日目）　朝五時、雄のネコ、いくぶんはっきりしてきた。近づくと、けさも私の顔を見てミャーンと一声ないた。ヤマネコの特徴は、ミャーンとないても一声だけで、あとが続かないということである。ふつうのネコなら、ミャーミャー、ミャーミャーとうるさいほどなくのだが、ヤマネコはミャーンと一声なくと、あとはしばらくなかない。夜、薬を与えた。全部食べた。

七月三日（月曜日　雨　飼育九十八日目）　雄ネコの状態がややよくなって、昼間、やっと寝箱から出てきて、うろついていた。夜、薬をぬったトリのキモを与えたら、全部食べた。

七月四日（火曜日　晴　飼育九十九日目）　雄ネコの状態がはかばかしくないが、食欲だけはある。眼の状態も依然としてよくならない。本日も薬を与えて、シートをかけてやった。

七月五日（水曜日　晴のちくもりのち小雨　飼育百日目）　雄、少しよくなった様子だが、まだじっとしていることが多い。雌のほうは、箱を離しておいたので、伝染しないのがいい。餌を与えるときに、雄はクウクウとうなったり、あるいはミャーンとないたりするが、どうも薬にはまいるらしい。少しなめてみていやな顔をする。ただ、それしか食べるものがなく、空腹なのでやむをえず、薬をぬったキモを食べるというところである。

ヤマネコのTVへの撮影・出演など相次ぐ

七月六日（木曜日　雨　飼育百一日目）　かねてから、TBSで、ネコに餌を与えるところを撮影したいという申し出があったが、ぐあいがよくないので延期していた。どうやらよくなったので、きょう、夜の八時に餌を与えるところを撮影することになった。雄、雌とも食餌を待ちかねていた。ニワトリの首を与えると、いきなり抱きついて食べる。雄のほうもかなり元気になった。ニワトリのキモに薬をぬって、この日も雄に与えた。この夜、低気圧が通過する。

七月七日（金曜日　くもり　飼育百二日目）　ゆうべは豪雨だったが、朝がたようやくやんだ。この朝は、NHKの『スタジオ一〇二』で放送されることになっていたので、早朝から中継車が私の家のまわりにきて、大がかりな準備が始まった。今泉博士と私とで、ネコをはさんでテレビに出る。雄のほうはようやく元気になった。雄、雌ともテレビの電波にのった。放送のあとで箱を洗ってやり、箱ぶたなどをはずして、日にさらした。午後、雄のほうは、少し疲れた様子である。しかし、元気である。雄にニワトリの頭一つ、首二本、ブタのマメ、トリのキモに薬をぬって与えた。雌のほうはニワトリの頭二つ、首二本、マメ一つを食べる。夜、東洋英和の小学部の外崎(とのざき)学長がネコを見せてくださいと見にこられた。

ＴＶの画面に映されたイリオモテヤマネコ

七月八日（土曜日　雨　くもり　飼育百三日目）　この日は、夜、ネコたちの動きを放送したいというので、NTVから撮影にきた。夜のライトがかかったので、雄、雌とも、やや興奮して食がわるかった。このところ、連日のテレビ撮影で、ネコたちもちょっとしたスターなみである。

七月十五日（土曜日　晴　飼育百十日目）　天気はいいが湿度が高く、不快指数も高い。ネコたちも、暑さにあえいでいる。湿気の多い高温多雨の西表島に産するネコでも、この暑さには参ったようである。

七月十六日（日曜日　半晴　飼育百十一日目）　この日も不快指数高く、夕方になるのを待ちかねて、ネコたちは床にながながとのびる。暑いらしく、六時に餌を与えても、雄のほうはすぐに食べ始めたが、雌のほうは食欲がない。夜中見ると、食べていた。

七月十七日（月曜日　くもり　飼育百十二日目）　この日も暑い。雄、雌ともに暑さにあえいでいる。上村君、夕方、檻の中に水をまいてやって、涼しくしてやる。

七月十九日(水曜日　半晴　飼育百十四日目)　気候が暑くなったせいか、雄、雌ともまったく健康である。暑さには、少々、うだり気味ではあるが、状態はいい。さすがに亜熱帯地方の動物だと思う。この日も上村君、水をまいて涼しくしてやった。

七月二十日(木曜日　晴　飼育百十五日目)　私がアフリカにいくことになったので、その間、博物館で、観察のために飼育したいという申し出があったが、その準備がととのわなかったのか、やはり、そちらで飼っておいてくださいと、中止を申し入れてきた。この夜、試みに、トリの肉を方々にまいて、ヤマネコの鼻がどの程度きくか調べてみた。まず最初、雄、雌に与えて、それを食べている間に、寝箱のふたの上や、箱の隅などにばらまいてみた。イヌならば、鼻で臭いをかいで、すぐにみつけるところだが、案外に鼻がきかない。金網の上のほうにおいたニワトリの肉については、まったく気づかないで、あとから、こっちが取って与えなければならなかった。

七月二十一日（金曜日　晴　飼育百十六日目）　昼間、あまり暑いので、小屋に水をかけてやった。檻の屋根に、暑さよけの日おおいをつくってやった。昼間は寝ている。夕方になるのを待ちかねるようにして床の上に出てきて、金属板の上にながながと横たわる。暑さのためだろう。食欲も前ほどではなく、すぐにはとびつかない。夜、十時になって餌を与えたが、手を出そうとしない。十二時頃、かなり高い声で、ワーォとないた。一声である。朝方、涼しいので気持ちがよいのだろう。よく檻の中をうろうろと歩きまわっている。この日、小生アフリカに向かって出発。したがって、しばらく観察は中断する。

九月二日（土曜日　晴　飼育百五十八日目）　アフリカから帰り、ネコを見る。残暑まだきびしく、今年は特に暑かったので、バテ気味だったというが、元気はあり、食欲もあるということだ。久しぶりに餌血を持って檻に近づくと、私を忘れてしまっていたのか、フーッと牙をむく。馴（な）れぬこと、従前どおりである。野性の根強さというものを、しみじみ感じさせられた。

九月二十日（水曜日　雨　飼育百七十七日目）　この朝、寒い風が吹いてきた。シベリヤからの寒冷風だという。ネコはいたって元気だが、上村君はこの日、ネコのためにビニールを張って、保温の用意をしてくれた。

九月二十四日（日曜日　晴　飼育百八十一日目）　この日、私がヤマネコを発見した時、イの一番に激励の電話をくださった法医学の古畑種基先生ご夫妻がヤマネコを見にこられた。いろいろと説明する。

九月二十九日（金曜日　くもり　飼育百八十六日目）　寒さがだんだんと加わってきた。この日の午後、西表島に視察に行っていた東急デパートの小林君より

ときどき檻の中で回転をする

電話があって、西表島の開拓民が飼っていた飼ネコが、ヤマネコと交尾をして、子供を生んだと知らせてきた。毛色はまったくヤマネコと同じのを生んだという。かなり育てたのだが、馴れないという。その子ネコを、できたら東京に送ってもらいたいと思ったが、連絡がつかない。

十月三日（火曜日　雨　飼育百九十日目）　この日は特に肌寒い。上野動物園では、熱帯性の動物のために電熱器を入れたという話である。わが家ではネコの小屋にビニール製の簡易温室のような、天幕を張って風をよけているが、この中に赤外線ランプと温風器を入れてやることにした。ネコは元気である。

十月七日（土曜日　雨のちくもり　飼育百九十四日目）　ネコ、雄、雌ともすこぶる元気。寒さに強いようである。

十月八日（日曜日　くもり　飼育百九十五日目）　この朝、突然、アメリカ人がイリオ

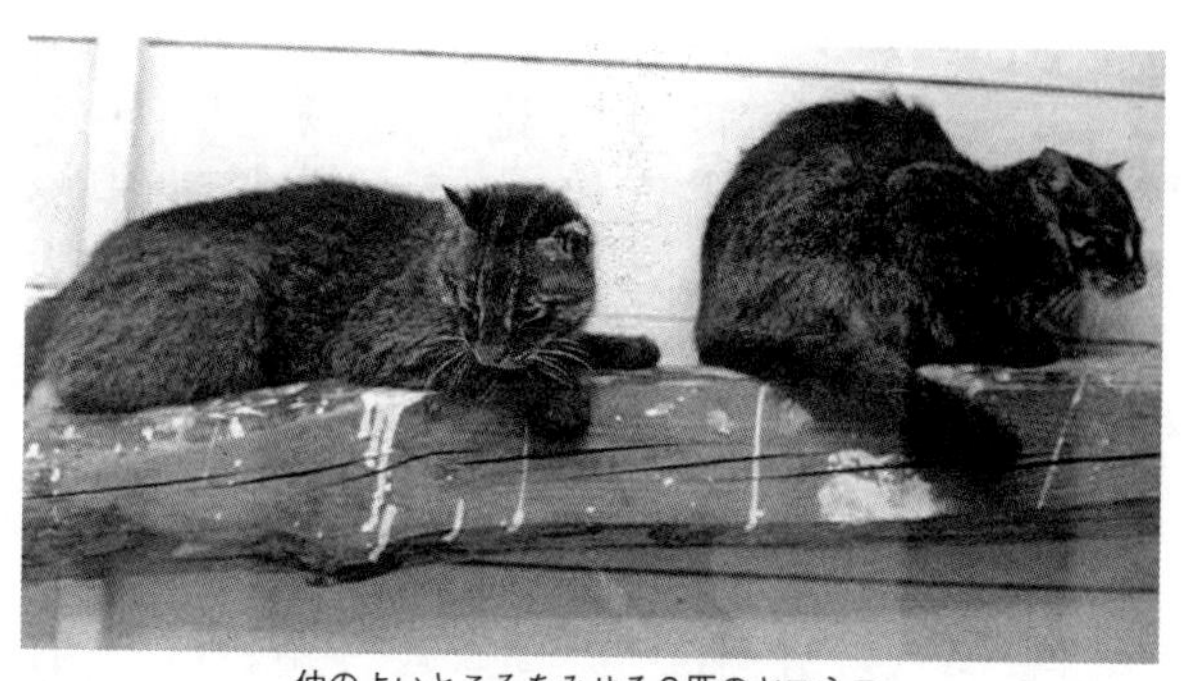
仲のよいところをみせる２匹のヤマネコ

モテヤマネコを見せてもらいたいとたずねてきた。聞いてみると、今泉博士の報告された研究論文をアメリカで見て、日本に旅行したら、まっ先に私のところをたずねてみたいと考えて、けさ、船で横浜に着いたので、そのままかけつけたのだという。せっかくの申し出なので、ヤマネコを見せた。しきりと感心し、このネコをゆずってくれないかという。いや、それはできない、これはまだ研究中のものであって、しかも国立科学博物館の所有なのだからと訳をいって納得してもらった。彼はこのネコが子供を生んだら、ぜひ一ぴきゆずってほしいといった。アメリカのネコ愛好協会の会員だということであった。

十月十日（火曜日　くもり　飼育百九十七日目）　ネコの保温のために、もっと本格的な小屋をつくる必要があったので、大工にたのみ、骨格だけをつくり、南向きにネコの小屋を変えた。

十月十一日（水曜日　晴　飼育百九十八日目）　沖縄から高良博士が上京されたので、今泉博士と三人で会った。ネコはすこぶる元気で、かなり日本の気候に慣れたようである。

雄と雌を初めていっしょにしてみる

十月十六日（日曜日　晴　飼育二百三日目）　本日、雄と雌とを、はじめていっしょにしてみることにした。二百日余の見合期間は長かったが、けんかをされては困る。しかし、いずれはいっしょにしなければならない。中仕切りを取り去ったところ、はじめのうちは雄も雌もじっと見つめて、いっしょにならなかった。三十分ほどして、ビニールの幕をおろしてやると、安心したのだろう。雌のほうから、雄ネコのほうへ近づいていった。案ずるよりも産むが易やすいというが、二匹は、もうかなり長いことの顔見知りであったので、仲よくしてけんかをしない。ただし、雄ネコのほうは雌ネコをあまり問題にしていない様子である。食事のときだけはけんかをすると困るので離して、夜またいっしょにしてやる。

十月十七日（火曜日　くもり　飼育二百四日目）　気になったので、朝方、すぐにネコの小屋を見ると、今度は雄のほうが雌の箱に入っている。雄は雌のほうにいったり、またもとの自分の箱にいったりしている。雌は雄にくっつくようにして、二匹、常にいっしょで動きまわっている。これなら安心だと思った。これで、あとは交尾して、子ネコを生んでくれたらいいなと考えた。

この日、午後、爬虫類研究家の高田栄一氏がネコの餌用として、生きたヒヨコを百羽持ってきてくれた。高田氏の話によると、やはり生き餌をときどきは食べさせないと、元気がつかないということだった。そのとき、家畜用の赤外線ランプの購入もお願いした。

ところが困ったことが起きた。高校三年に通っている長女と、中学三年に通っている次女が、ヒヨコを見て、このヒヨコを生きたままネコに食べさせるのは残酷だといって、猛反対を起こしたのだ。

「ヒヨコを生きたまま食べさせるなんて、そんな残酷なお父様とは思わなかったわ」

と長女がいうと、次女も負けずに、

「お父様は動物愛護協会の理事で、動物はかわいがらなければいけないと、いつもいってるじゃないの。ネコばかりかわいがって、どうしてヒヨコをかわいがらないのよ」

といった按配で、絶対にヒヨコをやってはいけないというのである。


十月十八日（水曜日　雨　飼育　二百五日目）　この日は朝から寒かった。ゆうべおそくまで仕事をしたので、けさはやや寝坊した。朝起きてみると、ヒヨコのピヨピヨとなく声がしない。変だなァと思って、家内にヒヨコはと聞くと、長女と次女が箱のまんま、学校へ持っていったのだという。親父にあれだけ抗議をしたものの、やっぱり餌にされてしまうかもしれないという不安から、持ち去ったらしい。

学校から帰ってきた姉妹を問いつめてみると、はたしてそうで、学校へ持っていって、ネコの餌にされそうだから、皆でわけて飼ってくれと友人たちにばらまいたのだという。せっかく高田さんがネコのためにと重い思いをして運んできてくれたのに、申しわけないことだが、どうも、わが家の平和を乱すことになるとなっては、やむをえないことである。

私はあきらめた。

十月二十二日（日曜日　晴　飼育二百九日目）　雄と雌の仲がいいので、食事のときも仕切りをはずしていいだろうと思って、仕切りを取ってみた。ところが餌を与えてみると、雌のほうがいばっている。雄は遠慮して近づこうとしない。どうやら、カカア天下のようである。

十月二十三日（月曜日　くもり　飼育二百十日目）　この日、ネコの小屋が完成した。これで今年の冬は安心して過ごせるであろう。

十月二十七日（金曜日　雨　飼育二百十四日目）　台風がきて、気温が下がった。高田さんが赤外線ランプを届けてくれたので、この夜から赤外線ランプを点灯することにした。ネコたち、いたって元気で仲がいい。

十一月一日(水曜日　晴　飼育二百十九日目)　私の庭の前のところに防犯灯がついた。明るい電灯なので、この明るさのためにネコが眠れないのではないかと気になったが、ネコは夜中ほとんど起きているので、その心配もないようだ。また、この頃、赤外線ランプに照らされて、ネコが小屋の中をうろうろするのが、どうやらおむかいのマンションから見えるらしい。戸川家ではヒョウの子を飼っているといって騒ぎ始めたという。それで、あれはイリオモテヤマネコで小さなものだから、たとえ小屋から逃げたとしても、普通のネコ程度で危害を与えることはないからご安心を乞うとPRしておいた。

十月十一日(土曜日　くもり　飼育二百二十九日目)　ひどく寒くなった。雌はこの日から元気がなく、食事をしないという。雄のほうは食欲がある。

十一月十二日(日曜日　晴　飼育二百三十日目)　この日から、雄のほうも餌を食わなくなった。雄、雌ともに不調である。ただし、小屋の中を移動し、場所を変えたりしている。食欲がまったくなくなったのは、寒さのためであろうか。

十月十三日（月曜日　晴　飼育二百三十一日目）　この日も寒さが続く。依然として、雄、雌、食欲なし。雌のほうはこれで三日間食べていない。夜帰宅して調べると、鼻汁が少し出ている。カゼかとも思える。赤外線ランプ、二つをつけた。

十一月十五日（水曜日　晴　飼育二百三十三日目）　寒いので温風器をかけてやった。暖かくしてやることで、ネコたち、やや元気を取り戻したようである。

十一月十八日（土曜日　くもり　飼育二百三十六日目）　食餌を与えるところを観察してみると、どうも、雄よりも雌のほうが食事の時は強いようである。

十一月十九日（日曜日　晴　飼育二百三十七日目）　この頃気づいたことだが、ヤマネコたちは、肉を食べるのに両手を使わない。肉を押さえて噛めばずっと便利だろうと思われるのに口だけで噛み切ろうとして、難渋している。そのことを今泉博士に話すと、博士

昭和26年以来の大雪にも耐えぬく

は、ライオンやトラやヒョウなどのような大きなネコ属の動物は、よく手を使って、小さな肉を手で押さえて食べていますが、ネコたち、ヤマネコなどは、手をほとんど使いませんね、チーターなども同じですというとことだった。なるほど、そんなものかと思ったが、ではチーターやヤマネコたちは、ライオンやトラのようになぜ手を使わないのか、その点になると今泉博士も、よくわかりませんと、首をひねっていた。

交尾の気配もなく、博物館にネコを返す

十一月二十一日（火曜日　くもり　飼育二百三十九日目）　この頃、ネコの発情期らしく、近所の家の屋根で、飼いネコたちがしきりと騒ぐ。よっぴいて、ギャアギャアとないてうるさい。しかし、その声を聞いても、わが家のイリオモテヤマネコたちは、知らん顔でケロッとしている。飼育して、二百三十九日も経っているのに、交尾の気配はまったくない。どうしたことだろうか。やはり、野生動物ゆえに、環境の違ったところでは発情しないのだろうか。

十二月二日（土曜日　雨　飼育二百四十九日目）　昼間むし暑かったが、夜、ひどく冷え込んできた。小屋に電灯一つで、摂氏八度の気温になっていたので、温風器をかけようとしたが、故障していたので調べていたら、雄に手の甲をひっかかれた。餌も持っていないのに、こういうことははじめてである。食物を請求してのことだろう。最近、食欲がさかんである。

十二月二十五日（月曜日　晴れ　飼育二百七十三日目）　本日、フジテレビの「小川宏ショー」で、ヤマネコの中継をすることになった。前の晩、あまり食べさせなかったので、機嫌が悪いのか、テレビのライトに怖れて、寝箱から出てこようとせず、困った。

昭和四十三年二月十六日（金曜日　雪　飼育三百二十六日目）　昨夜から降り続いた雪が、重く降りつもっている。気象台の話によると、昭和二十六年以来の大雪だということで、ネコの小屋にもうず高く雪がつもっている。三びきのイヌたちは喜んで雪の中をかけまわっているが、ネコは熱帯性動物なので、心配である。小屋をたずねてみると、ネコたちは心配したほどでなく、元気でいる。上村君が雪かきに苦労をした。

三月十六日（土曜日　晴　飼育三百五十六日）　この日の夜、雌のほうが雄に向かって、交尾をするような姿勢をとった。この頃、同様の行動をしばしば繰り返している。交尾をしてくれたらよいがと思うが、今度は雄のほうがあまり興味を示さない。

四月十一日（木曜日　晴　飼育三百八十二日目）　琉球政府、国立科学博物館主催で「沖縄の自然展」が日本橋の東急デパートで開催されることになったので、それにイリオモテヤマネコの雄と雌を出品するために、けさ、自動車で運び込んだ。はじめて、大ぜいの人の前に出たので、ネコたちはいささか興奮ぎみであった。心ない観客たちのために、悪い餌などを投げ込まれないために、観客席に向かっては金網でなくガラス戸にして、見張りをつけた。

四月十七日（水曜日　晴　飼育三百八十七日目）　この日、「沖縄の自然展」に常陸宮様ご夫妻がおいでになられた。高良博士、今泉博士のご案内で会場をまわられたが、やはり、イリオモテヤマネコに一番興味を持たれたようであった。ご覧になったあと、別室にて、私も加わって、いろいろと宮様からの質

沖縄展が開かれ、イリオモテヤマネコも出品される

問を受けた。このネコの発見については高良博士が説明し、学問的意義については今泉博士が説明をした。私には飼育についての質問があり、どんなものをやっていますか、などのおたずねがあった。

四月二十一日（日曜日　晴　飼育三百九十二日目）この日は三笠宮ご夫妻が展覧会にお成りになった。ネコ、いたって元気である。

四月二十四日（水曜日　くもり　飼育三百九十五日目）東急デパートの「沖縄の自然展」も無事終了した。この間、ネコが病気をしはしないかと心配であったが、いたって元気であった。ずっとつきそってくれた上村君の努力に感謝をする。

六月七日（金曜日　晴　飼育四百四十一日目）「沖縄の自然展」の話を聞かれたのか、皇太子殿下が、浩宮様をお連れして、ネコを見たいと仰せられた。すでに展覧会は終っており、まさか私の家へというわけにもいかないので、皇太子殿下にお見せするために、ヤ

檻のすみから外の気配をうかがうヤマネコ。沖縄展にて

マネコ二頭を博物館に搬入した。これには上村君がつきそった。皇太子殿下はヤマネコに非常に興味を持たれ、今泉博士にいろいろと質問されたということで、浩宮様も、とてもご熱心にご覧になったということであった。

十一月一日（金曜日　晴　飼育五百八十七日目）このところ寒冷続きで、雄がカゼをひく。養豚用の保温器を小屋の中に入れてやる。見ると、雄、雌ともに、その保温器の上に乗って、気持よちさそうにしている。夕方、カゼの薬を与えた。

十一月二日（土曜日　晴れ　飼育五百八十八日目）雄のほうが苦しそうなので、トリのキモとウズラを丸のまま与えてやる。野生動物は薬よりもまず栄養をよくするのが最大の効果があるので、こうするのだが、食べようとしない。元気なほうの雌に取られてしまった。この日、気温は上がった。

十一月三日（日曜日　晴　飼育五百八十九日目）　雄のカゼは雌にも伝染したらしい。雄のほうは青鼻をたらして食事をせず、非常に苦しそうである。

十一月七日（木曜日　晴　飼育五百九十三日目）　ネコ、依然として苦しそうである。今泉博士が午後になってドイツのヤマネコ学者ライハウゼン博士を伴ってやってきた。ライハウゼン（Ｌｅｙｈａｕｓｅｎ）博士は、行動生態学で有名なマックス・プランの研究所の所員で、ヨーロッパでは有名なヤマネコ学者である。博士は今泉博士の英文論文を読んで、わざわざ、このネコを見るために来日したもので、

「うそかまちがいではないかと思ったが、この目で見て、やっと納得がいった。これはたしかに新種のすばらしいネコである」

と絶讃をしていた。そして、非常にいま危険な状態にあるから、至急に直さなければばい

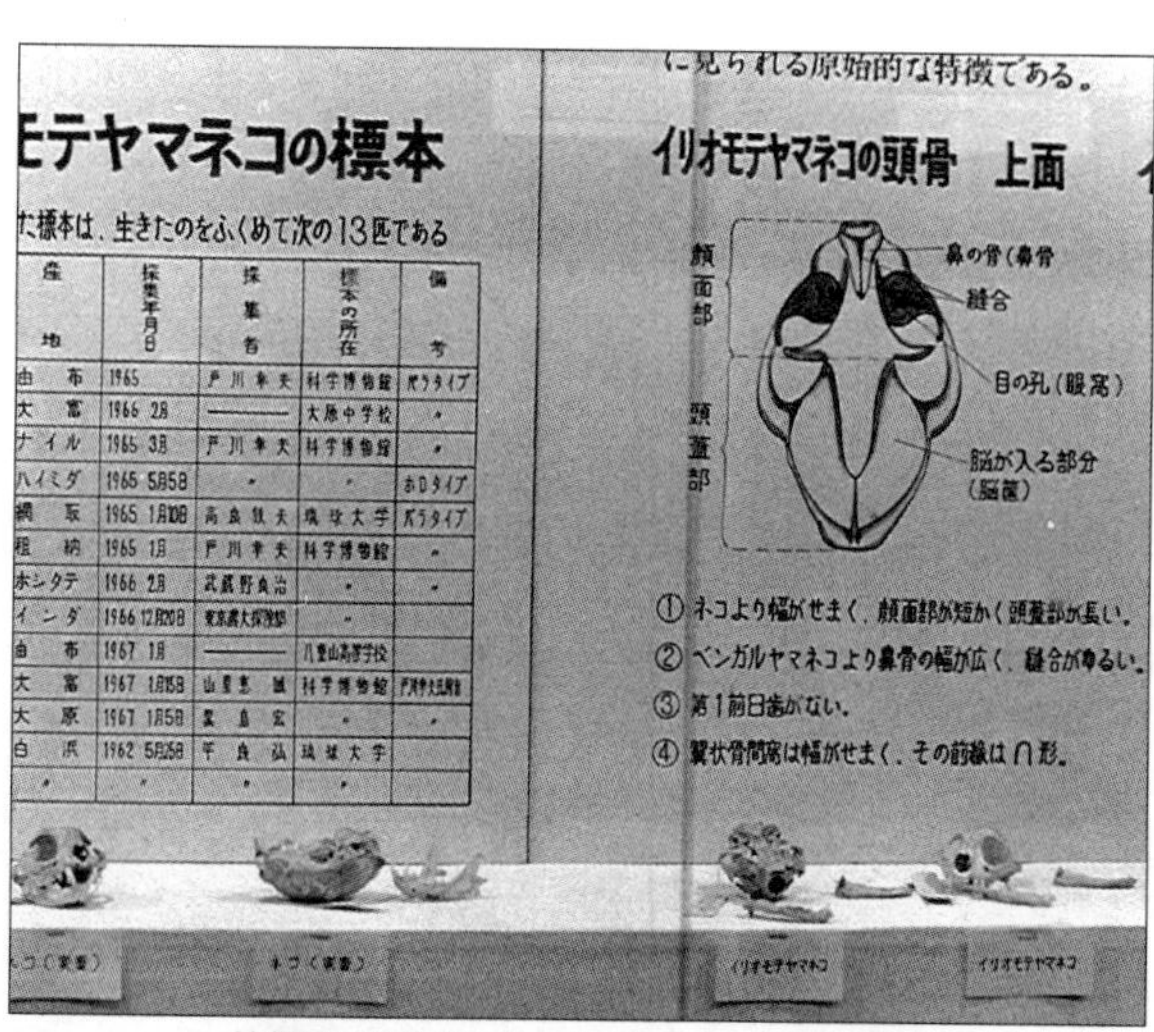

沖縄展に出品されたイリオモテヤマネコの頭骨

けないといって、薬を手配してくれた。その薬が東京になかったので、私のところから、大阪に長距離電話して、薬を取り寄せ、上野動物園にも電話をして、治療に協力してくれるように、たのんでくれた。

この日、私は、秋田に講演にいかなければならなかったので、あとのことを、今泉博士、上村君にお願いして、出発した。帰宅してみると、投薬の効果があって、ネコは危機を脱していた。

四十四年六月二十日（金曜日　くもり

飼育八百二十八日目）かねてから、博物

館でネコを飼育して、もう少し研究してみたいと申し出があり、もともと博物館のものなので、本日、お返しすることにした。ネコ、雄、雌ともに、いたって元気であった。この八百二十八日間の飼育の間に、重い病気をしたことが二回、軽いカゼひき程度のが数回あった。われわれにもかなり馴れていた。まあ無事に飼育し得たことは何よりだった。

おわりに

おわりに臨んで、私はイリオモテヤマネコの発見の価値について、ひと言ふれておきたいと思う。こうした種類の発見があった場合、それがマスコミにとり上げられると、ともすると別な方向に人びとの視線が向けられるようになって、時にはそれが真面目な研究の障害になることがある。こんどの場合でも、それがなかったとは言えない。私はマスコミにとり上げられることが、悪いと言っているのではない。それどころか、正しく伝えられる場合は大いに結構なことなのであって「学者は研究室にとじこもって、こつこつと研究さえしていればいいのだ。学者に宣伝はいらない」などと言われたのは、一時代前の話だと思う。学者も、われわれ一般の人びとと同じ世界で生活している以上、特別な存在ではあり得ない。学者が研究した成果を学会で報告する以上、その内容が価値のあるものなら、当然それを一般の人びとに解るように、かみ砕いて知らせることも必要である。必要というよりも、それが学者の義務とすら考えている。

ところが、マスコミがそれをとり上げて紙面に出す場合に、学者たちが考えることと、マスコミの人たちが狙うものとが一致しないことがある。あるというよりは多いといった方がいいかもしれない。そこで一部の学者たちはマスコミに騒がれることを拒否することになるのだが、やはりマスコミ関係者は、学者が目的としているものが何であるかを正確に把握して、とり上げる以上はその目標を誤らないようにすることが肝要だろうと思う。

イリオモテヤマネコの発見の場合、マスコミ関係の人たちは、私たちの目的に協力をして真面目な態度であつかって戴いたので、その点では大へん、助かった。しかし、それでも新聞や雑誌や、放送で大々的に取り上げたので、この発見を、まるで海底に沈んだ海賊船から黄金の宝でも見つけ出したように考えた人もあった。イリオモテヤマネコを、見世物に出せる珍獣のように思ったり、大へんな骨董的価値があるように見た人が決して少なくなかったということである。

今泉博士はイリオモテヤマネコを調べて、現在地球上にいるネコ仲間までの進化の途上にある生ける化石的なネコだと言われている。また、聞くところによるとモスクワ大学のソコロフ教授は、今泉博士と会って、このネコを見て、これが新属新種のヤマネコだと知って非常な驚きを示したそうである。新種というだけでなく、新しい属まで制定しなければならないということは、このネコが他のネコからひどく差異があるということを示しており、他の種から縁の遠いものだということを意味している。そんなネコが、どうして西表島に残っていたのだろうか? このネコに近いネコが世界のどこかにいないのだろうか? そういったことを調べてゆくことによって、イリオモテヤマネコが、ネコの系統のどこに位置を占めるものか、進化の過程でどこにすわるべきかが判り、動物の分布というものが教えてくれる地球の歴史までたどることができるのである。

ジャワや、アフリカや、北京から発掘された古い人骨は骨董的には何の価値もなかったが、それが人類の発生について示す価値は非常なものであった。イリオモテヤマネコの発見の価値が、それと同等だなどとは言わないが「失われた環（ミッシング・リング）」の一つが現われたということでは、同じ意味を持つものだといえよう。こうしたことのつみ重ねによって、学問は次第に発達し、正確なものへと築きあげられてゆくのであり、そこに価値があるのである。

今泉博士の話だと、この秋（昭和四十七年秋）には西ドイツのマックス・プランク研究所の著名なヤマネコの研究者ライハウゼン博士が来日し、今泉博士とイリオモテヤマネコの共同研究を行うことになっているという。計画では、西表島に観察小屋を設置して、一年間にわたってイリオモテヤマネコの行動生態について調査するというが、その成果を大いに期待したいと思う。

それにつけても、私が一番心配しているのは、沖縄の本土復帰にともなって、本土資本の投下による西表島の自然破壊が大規模に行われはしないかということである。最近の新聞や雑誌の報道によると、はやくも開発という名目の下で、自然破壊がいちじるしく進められていて、西表島の貴重なる密林が濫伐されているという。森林が伐られては、イリオモテヤマネコをはじめとする貴重なこの島の生物たちを、絶滅へ追いやるということになる。

伐り倒された森林は、百年ではもどらないと言われるが、それでももどる可能性のあるものはまだよい。しかし、一度、絶滅した種は、永遠にもどってはこないのである。

私は多くを語るまい。その代わり、次の数葉の写真を揚げよう。イリオモテヤマネコやその他多くのこの島特産の動物たちが平和な故郷と思っている森林、貴重な植物が繁茂しているジャングルがどのように伐られているかということを示した写真である。

これを見て、読者各位はどういうふうに受けとられるであろうか?

一刻も早く、これら貴重な生物に強力な保護の手をさしのべて、絶滅から救ってもらいたい。密林を伐っても、あとにパルプ材になるような木を植えれば、このような高温多湿なところではすぐに森が復活する、という人があるかも知れない。だが人工的につくった森は、ただ人間に対してだけの有用な森であって、そこにはヒメツルアダンのような、ノヤシのような貴重な存在はもはや見られないし、ジャングルをすみかとしていた野生動物の姿は消えてゆくのである。

伊豆半島の天城山は、以前はイノシシの国といわれたほどイノシシが多かった。ところが雑木林を伐って、杉林に植えかえたところ、イノシシの姿は天城山からは消えてしまった。イノシシの場合は、たとえ天城から消えても日本本土にまだまだ多く棲んでいるが、逃げ場のない、小さなこの島に閉じこめられた動物たちは、絶滅するしかないのである。

島の自然を破壊してつくられる自動車道

生物を保護するといっても、その生物だけが保護できるものはなく、その生物が生きてゆくために必要な環境と地域を与えてやらねばならないのである。一刻もはやく、強力な保護の手をさしのべてほしいと、もう一度、私は訴える。

この『イリオモテヤマネコ』の著作に当たって、私は国立科学博物館の今泉吉典博士並びに博士のよき助手である小原巌氏から多大の指導と援助を賜りましたことを感謝します。またヤマネコの発見から入手まで大変な協力をいただいた琉球大学学長の高良鉄美博士と、案内していただいた黒島寛松氏並びに沖縄現地の方々にあらためて感謝を捧げる次第であります。
　最後に、私が飼育していヤマネコの夫婦は現在、国立科学博物館別館で飼育され、元気でいることをつけ加えておきます。

昭和四十七年八月
青山にて　著者

「イリオモテヤマネコ」の復刻にあたって

戸川　久美

◆西表島の話をしなかった父

父、戸川幸夫は二〇〇四年に亡くなったが、その前十年間は脳梗塞を患い車椅子生活だった。梗塞は脳幹の殆どを縛り命も危ない状態だったが、奇跡的に回復した。口はきけず字を追うこともできなかったが、家族や友人と意思の疎通はある程度できていた。

父の一生は動物と共にあった。野生動物を追ってカメラで生態を写し、小説では野生の生きものの立場にたって、地球上の生きものも人間も同等だと伝えていた。

私が父の遺志を継いで野生動物の保護活動を始めたのは、父の車椅子生活が始まってからだ。最初はインドやケニアでトラやゾウがいる世界を守る活動を始め、その後西表島のヤマネコを守る活動を開始した時には父は亡くなっていた。生前、父とは大学時代にケニアやタンザニアを訪ね、その後カナダ、アラスカ等野生の世界を見て回り、父が伝え続けた野生の生きものたちの世界の大切さを深く感じていた。

しかし、西表島には一緒に行ったことがなかった。一九八三年に私の家族と父とで竹富島まで行ったのに、西表島には入らなかった。その時は私の子どもが小さかったから行かなかったのかと思ったが、飼育していたヤマネコを科学博物館に送ってからは家庭で父から西表島の話をほとんど聞いたことがなかった。もちろん発見当時にはヤマネコの話で持ちきりだったし、上京した島の方が我が家に泊まられたこともある。しかし、その後、私が大人になってからも、ヤマネコの話を父は家族に殆どしなかった。それがずっと不思議だった。どうして、アフリカやインドの話はよくしたのに、知床半島や秋田や山形の方たち、マタギさんたちとはずっと交流があるのに、なぜ西表の方たちとの繋がりが無いんだろう……。

父は生前よく、「うちの子どもは親父の本をちっとも読まない。死んでから慌てて読むんだろう」と言っていたが、私がヤマネコの保護活動を始めるにあたり、まさに大慌てで父の本を読みあさった。そしてその疑問を解くカギを見つけた。父がスクラップしていた新聞記事や新聞に掲載された父の文章を読んでのことだった。

◆人かヤマネコか

一九六五年、ヤマネコの骨を父が見つけた年、西表島は全く何もない原始そのものの島だった。道路も無く、電気もその三年前に灯ったばかり。島民が皆、早く日本に復帰して本土並みの生活をしたいと思っていたのは容易に想像できる。ヤマネコが世間に知られ、二頭が捕獲され、一九六七年〜一九六九年まで東京の我が家で飼育された。その六九年に島の東西を結ぶ横断道路が日本政府の援助で着工された。七二年、沖縄が日本に復帰した年にヤマネコは国の天然記念物になった。しかし、島民にとってはヤマネコなんかどうでもいい存在だった。離島の生活は、港、道路、産業、医療どれをとっても「住民福祉」からはるかに遠いものだったから、早く生活の向上をと誰もが願っていた。一九七二年十月の沖縄タイムスの記事によると、西表島が含まれている竹富町の町議たちが那覇で記者会見をし、国立公園に指定された島の一地域を解除してほしいと陳情、「法はヤマネコを優先し、人間を疎外している。ヤマネコのために開発が阻止されるなら、我々はヤマネコを根絶やしにする」と発表した、とある。一九七三年には着工していた横断道路建設に対し、自然破壊を危惧した自然保護団体が開設中止を提言し中止となった。ずさんな土砂管理とそれに伴う赤土流出等の工事の影響に地元の人々も批判的ではあったが、日本政府の突然の計画中止に反発し「西表島開発促進住民大会」が開催。ヤマネコ発見により開発が出来なくなったと考える人も少なくなく、「人かヤマネコか」の議論が始まった。七三年暮れには、東京の父の元に「西表島の自然保護とヤマネコ研究の学者諸氏に対する現地住民の声」という文書が届き、「自然保護という美名のもとに、文化の一片も与えられず、原始のままの生活を強いられておりますのが現実」「ヤマネコやカンムリワシがどうなろうと我々には何の関わりあいのないこと」「生活向上のため、西表島の開発促進に全力を尽くし、ヤマネコ優先の人道を無視した自然保護対策に抗議を続けてまいる所存」と書かれていた（一九七四年九月四日毎日新聞「自然保護と開発の接点」）

この頃、島では観光開発が急速に進んでいた。父は盛んに「住民のために必要な道路は開通してほしい。電気や水道や船着き場や遊歩道やテレビ塔も必要だ。だが、観光客のための俗化した娯楽施設などは自然観光地では廃止しなければなりません。国立公園や国定公園というと景色の一番良い場所を買い占めて、そこに豪華なホテルやレストランをつくる。自分のところさえお金が入れば景観なんかどうなってもいいという傾向が業者にはある。西表島を人々が訪れるのはそこに美しい大自然と珍貴なる動物、きれいな海があるからです。ホテルやレジャーランドなら本土にいくらも良いのがある。日本の宝を大事にしたいものです」「本土資本による観光開発という乱開発の魔の手が伸びてきているのが心痛の種。ヤマネコが大事か人が大事か……いうまでもなく人が大事です。しかし人間の生活を大事にし、その精神的な充実を求めるからこそ自然を守らなければならない」「学術的には無論、自然を守るためにも実はヤマネコも大事だということを言いたい」と新聞や雑誌に書いている。

◆ドイツの博士が送った手紙

一九七七年にはヤマネコは国の特別天然記念物となり、その年、全島の約三分の一にあたる面積の国立公園を目指したが、これで開発が一切不可能になるとの住民の誤解による反対もあり、特別地域に指定されたのはその三分の二強だった。

その上一九七八年、ドイツのネコ科動物研究者のライハウゼン博士がイギリスのエジンバラ公に送ったヤマネコ保護についての提言が島民をさらに怒らせ、「ヤマネコか人か」の論争を決定的なものとした。その文章の元となったのはライハウゼン博士の「西表島の実情」というレポート。そこには「西表島は狭すぎ、全生態系は脆弱で、数百人以上との共存は不可能であり、観光旅行は十分注意の上許可すべきである」と書かれていたと、ある新聞が伝え、さらに「はるかロンドンからの訴えが大きな力となって、環境庁は来月、生息地一帯を鳥獣保護区とすることを決めた」と報道した。これに対し、地元住民はヤマネコ保護のため地元住民を犠牲にし保護区を設定するのかと反対運動を起こしたため、環境庁は保護区設定を見送った。

私が竹富島へ父と行ったのは、そんな騒動が起きた数年後のことだったのだ。まだ島では、ヤマネコのせいで開発が遅れたとヤマネコを憎む人が大勢いただろう。父は気持ちよく私たちに島を紹介できないと思ったのかもしれない。

その後一九九一年には国設の鳥獣保護区が設定され、ヤマネコはレッドリストの絶滅危惧種に選定された。環境省西表野生生物保護センターもでき、ヤマネコ調査も継続されている。

現在、西表島に棲息しているヤマネコは百頭あまり。一番の脅威は、島の東西を結ぶ一本の県道での交通事故である。一九七八年から環境省が取り始めた交通事故データは現在まで六八頭。二〇一二年には最多の六頭、十三年に二頭、十四年に五頭、十五年には三月に二頭が交通事故で死んだ（二〇一五年九月十四日）。十四年十五年の六頭はいずれも繁殖可能なメスだった。百頭のうちの二頭～六頭の交通事故死。その割合は高い。

◆ヤマネコを守るために

二〇一一年から私たちNPO，JTEFイリオモテヤマネコ保護基金は地元の方たちと、県道を夜間ゆっくり走るよう注意喚起するため、やまねこパトロールを開始した。二人一組になって、環境省と連絡を取り、その時目撃情報の多い場所を重点的に車に反射板などをつけ、三時間かけて県道を走る。対向車のスピードを測定し、地元車かレンタカーかを識別しデータ化する。その結果を環境省と竹富町が事務局を務める交通事故防止協議会で発表し、対策を考える。

また、島の全小中学校で「ヤマネコのいるくらし授業」を町の教育委員会のバックアップを受け、三年計画で実施している。これは、ヤマネコになってみるゲームの体験を通しヤマネコにはヤマネコの社会があることを学び、日常生活のなかでヤマネコを始めとする島の大自然を守り、生きものとの共存を考える人に育てるお手伝いである。島には高校が無いため中学卒業後には島を出る。その時、自分の故郷、ヤマネコのいる西表島がどんな島だったか、今後どういう故郷にしていきたいか、考えるきっかけになってほしいと思う。

今までの五十年は、ヤマネコがいることが全面的に喜ばれる時期ではなかった。東京で、西表島出身の人たちが年に数回集まる郷友会がある。そこで、知り合った方の中に「当時ヤマネコが発見され開発が中止になって、悔しかった」と話された方がいた。「でもね、今はヤマネコが生き残っていてよかったと思うよ。ヤマネコのいる島ということで、西表島は知られているし、第一、ヤマネコがいなかったらイリオモテ島なんて漢字だけでは読めないはず」とも言われた。最初の「ヤマネコか人か」問われた第一段階を経て、今は「ヤマネコも人も」の考え方に島の人たちは転換した。

西表島は九〇％がジャングルで覆われ、大きな滝がいくつもあり、大小合わせて四〇もの川が流れ、河口のマングローブ林には多くの生きものたちの命が育まれている。しかし、この大自然も微妙なバランスの上に成り立っている。ヤマネコを中心とした島の生きものや植物は、ちょっとした開発が行われればガタガタっと崩れてしまう。壊れやすいこの自然環境を守っていくには、島の人、外の人の本気で守る気持ちがなければ無理だ。西表島を愛する観光客はこの大自然を求めてやってくるのだから、守るための多少の犠牲は不可欠だと思う。

日本国内でも世界でも珍しい貴重な生きものたちが暮らす野生の世界そのままを、次の五十年も島に生きる人と共に守っていきたい。

この本は『イリオモテヤマネコ　原始の西表島で発見された〝生きた化石動物〟の謎』（1972年9月1日発行、自由国民社刊）の第1章から第4章を復刻したものです。

琉球新報は復刻に先立ち、2015年4月1日～2015年9月15日までこの小説を連載しました。

著者略歴

戸川幸夫（とがわ・ゆきお）

1912年４月、佐賀県生まれ。毎日新聞記者を経て動物小説家となる。55年「高安犬物語」で直木賞受賞。78年、「戸川幸夫動物文学全集」で芸術選奨を受賞した。日本動物愛護協会顧問を務めるなど動物保護でも活躍した。2004年死去。

イリオモテヤマネコ

〝生きた化石動物〟の謎

新報新書［6］

2015年11月19日　発行

著　者　戸川　幸夫

発行者　富田　詢一

発行所　琉球新報社
〒900－8525
沖縄県那覇市天久905

問合せ　琉球新報社読者事業局出版事業部
TEL（098）865－5100

発　売　琉球プロジェクト

印刷所　新星出版株式会社

ISBN978-4-89742-192-6　C0240